HRM Basics

HRM Basics

Zentrale Arbeitsfelder und Theorien im Personalmanagement

von

Prof. Dr. Bruno Staffelbach

2. überarbeitete und erweiterte Auflage

Verlag Franz Vahlen München

Prof. Dr. Bruno Staffelbach ist Ordinarius für Betriebswirtschaftslehre, Direktor des Centers für Human Resource Management (CEHRM) und Rektor der Universität Luzern. Zuvor war er Inhaber des Lehrstuhls für Human Resource Management und Präsident des Executive MBA der Universität Zürich. Zudem ist er Board-Mitglied des Institutes für Führung und Personalmanagement der Universität St. Gallen und Mitglied im Editorial Board des *German Journal of Human Resource Research sowie des Journal of Organizational Effectiveness:* People and Performance. Prof. Staffelbach ist außerdem Mitglied des Vorstandes des Internationalen Komitees des Roten Kreuzes und ehem. Brigadekommandant der Schweizer Armee.

ISBN Print: 978 3 8006 5151 1
ISBN ePDF: 978 3 8006 6379 8
ISBN ePub: 978 3 8006 6380 4

Satz: Fotosatz Buck
Zweikirchener Str. 7, 84036 Kumhausen
Druck und Bindung: Beltz Grafische Betriebe GmbH
Am Fliegerhorst 8, 99947 Bad Langensalza
Umschlaggestaltung: Ralph Zimmermann – Bureau Parapluie
Bildnachweis: © ag visuell – fotolia.com

Gedruckt auf säurefreiem, alterungsbeständigem Papier
(hergestellt aus chlorfrei gebleichtem Zellstoff)

Einleitung

Ohne Menschen sind Unternehmen einfach Büroräume, Infrastrukturen und Einrichtungen, und Betriebe ohne Menschen reduzieren sich auf Fabrikhallen, Maschinenparks und Fahrzeugflotten. Erst Menschen machen Betriebe und Unternehmen zu dem, was sie sind: zu Institutionen der Wertschöpfung und zu Orten des Lebens. Menschen tragen und prägen die Strategien von Unternehmen, sie leben den Geist und den Stil des Hauses und sie bestimmen den Erfolg von Gruppen, Abteilungen und Projekten. Umgekehrt sind die Betriebe und Unternehmen auch für die Menschen wichtig. Sie sind Grundlage für ihr Einkommen und es sind Orte, wo gearbeitet, geleistet und geführt wird, wo Menschen hoffen, leiden und sich freuen, wo Chancen und Risiken entstehen und wo gegeben und genommen, gelehrt und gelernt und berechnet und vertraut wird.

Wenn die Menschen in Betrieben – die Human Resources – so wichtig sind, dann muss es ihr Management erst recht sein. Was aber heißt Human Resource Management (HRM) bzw. Personalmanagement? Die Einen verstehen das HRM als eine Summe von Maßnahmen, um Menschen für betriebliche Zwecke zu gewinnen, zu belohnen und auszubilden. Im Zentrum steht dann die Frage, wie man auswählen, belohnen und trainieren soll. Andere versuchen das HRM über die Menschen zu verstehen, um die es letztlich geht. Dabei interessiert sie, wie, warum und wozu Menschen in Betrieben und Unternehmen so ticken wie sie ticken. In beiden Auffassungen ist das HRM oder das Personalmanagement nicht einfach das, was die Personalabteilung tut. Das HRM bzw.

das Personalmanagement ist eine Führungsaufgabe. Sie ist zu wichtig, um sie der Personalabteilung alleine zu überlassen.

In der vorliegenden Einführung geht es um zentrale Aufgabenfelder und Theorien im Human Resource Management. Dabei ist es nicht so, dass Theorien das Privileg von Wissenschaftlern sind. Auch Praktiker haben ihre Theorien bzw. ihre Vorstellungen davon, wie ihre Welt „funktioniert". Die Publikation richtet sich deshalb an verschiedene Gruppen: an Studierende von Universitäten und Fachhochschulen, an Entscheidungsträger in Wirtschaft und Verwaltung und an alle, die sich mit grundlegenden Inhalten, Sichtweisen und Praktiken des HRM vertraut machen wollen.

Herausgewachsen ist diese Publikation aus einer einführenden Vorlesung für Studierende der Wirtschaftswissenschaften an den Universitäten Zürich und Luzern. Allen Assistierenden und Studierenden, die mir dabei geholfen haben, danke ich, insbesondere Frau Dr. Eva-Maria Aulich, Frau Dr. Manuela Morf, Frau Dr. Susanne Mehr, Frau Verena Braun, BA UZH und Frau Naemi Jacob, MSc. Herrn Dennis Brunotte danke ich für das Lektorat und für die gute Zusammenarbeit mit dem Verlag.

Luzern, Januar 2021 *Prof. Dr. Bruno Staffelbach*

Inhaltsverzeichnis

Teil 1
Fokus und Ansätze

Human

„Handle so, dass du die Menschheit sowohl in deiner Person, als in der Person eines jeden andern, jederzeit zugleich als Zweck, niemals bloss als Mittel brauchst." (Kant, 1785, S. 429)

Ressource

„Die gleichen Rohstoffe stehen allen zur Verfügung, die gleiche betriebliche Ausstattung wird jedem geliefert, der sie bezahlen kann. Die technische Entwicklung ist im Allgemeinen jedermann zugänglich. Arbeitskräfte können von jedermann zu ungefähr gleichen Bedingungen angeworben werden. Die gleichen Finanzmittel werden jedermann zur Verfügung gestellt, der ein entsprechendes Programm vorlegt und für seine Durchführung geradestehen kann. Der Unterschied zwischen dem einen und dem anderen Unternehmen besteht nur in der Menschenführung und in der Menschenauswahl." (Alfred P. Sloan, Präsident von General Motors, 1946, anlässlich einer Gesellschafterversammlung)

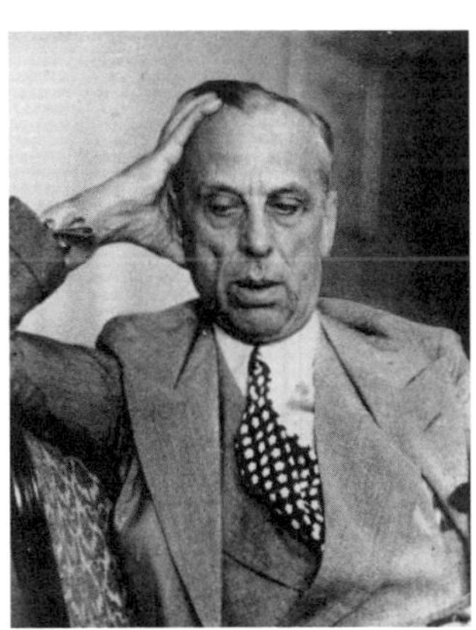

Management

Drei Fachkräfte – ein Architekt, ein Buchhalter und ein Personaler – diskutierten über eine tiefgehende, existenzielle Frage. Welches ist der älteste Beruf?

Der Architekt sprach zuerst: „Gott erschuf in sechs Tagen die Welt. Hierzu waren Planungsleistungen notwendig. Also ist natürlich die Architektur der älteste Beruf."

„Überhaupt nicht", antwortete der Buchhalter. „Sie verstehen nicht, was Gott wirklich getan hat. Was er in diesen sechs Tagen tat, war, Ordnung in einem Chaos zu schaffen. Und das ist, was Buchhalter tun, also ist die Buchhaltung offensichtlich der älteste Beruf."

Aber der Personaler hatte das letzte Wort: „Und wer, glauben Sie, ist für das Chaos verantwortlich?" (übersetzt nach Bailyn, 1993, S. 77)

Schlüsselbegriffe des ersten Teils

Menschen und Arbeit
Human Resource Management (HRM)
Aufgaben des HRM – inhaltliche Dimension
Träger des HRM – organisatorische Dimension
Segmente/Zielgruppen des HRM
Wert und Wirkung des HRM
Scientific Management
Taylorismus
Human Relations
Hawthorne-Effekt
Anreiz-Beitrags-Theorie
Rechtliche Rahmenbedingungen
Wissenschaft und Praxis

1 Human Resources

Grob vereinfacht erstreckt sich die Verantwortung in einem Unternehmen auf zwei Ressourcen: auf Geld und auf Menschen. Bei Geld weiss man was man hat: Währung, Betrag, Zeit und Preis sind definiert. Und bei Menschen?

1.1 Menschen und ihre Arbeit

Menschen spielen, träumen und essen, sie wandern, flirten und vergnügen sich, sie glauben, schlafen und hoffen. Im Human Resource Management geht es um Menschen, die produktiv tätig sind, die werken, schaffen und arbeiten. Arbeit ist in der heutigen Gesellschaft sehr wichtig und hat vor allem folgende **Bedeutungen:**

- Sie ist Quelle sozialer Kontakte und Beziehungen zu Kolleginnen und Kollegen, Freunden, Vorgesetzten und Mitarbeitenden;
- aus ihr ergeben sich Status und soziale Identität, die je nach Arbeit und Beruf mit Respekt, gesellschaftlicher Stellung und Anerkennung einhergehen;
- sie strukturiert zeitlich und räumlich das persönliche Leben im Verlaufe des Tages, der Woche und des Jahres, in der Jugend und im Alter, privat und in Firmen;
- sie ist Grundlage zur individuellen Entwicklung, zur Verwirklichung eigener Ziele und zur Verfolgung persönlicher Werte, und
- im Falle von Erwerbsarbeit führt sie zu Einkommen, das einen bestimmten Lebensstandard, Wohlstand und Vermögen ermöglicht.

Gelingendes und erfüllendes Leben wird also wesentlich auch durch die Arbeit bestimmt. Das Erwerbseinkommen lässt sich zu Teilen und während einer bestimmten Zeit über die Arbeitslosenkasse versichern. Dies ist aber nicht der Fall für die persönlichen und sozialen Funktionen von Arbeit. **Freiwilligenarbeit** wird, im Gegensatz zur **Erwerbsarbeit**, nicht bezahlt, schöpft aber ihren Wert aus der individuellen Befriedigung, die damit verbunden ist.

Die konkreten Aspekte, welche arbeitenden Menschen wichtig sind, erstrecken sich auf den Arbeitsinhalt, auf die Arbeitsorganisation, auf die mit der Arbeit verbundenen Entwicklungsperspektiven, Erfolgserlebnisse und menschlichen Beziehungen und bei einer Erwerbsarbeit zusätzlich auf die finanziellen Bedingungen wie Lohn und Sozialleistungen.

Die Gallup Organization, ein weltweit führendes Markt- und Meinungsforschungsinstitut, entwickelte auf der Basis einer Befragung von mehr als einer Million Arbeitnehmerinnen und Arbeitnehmer sowie von mehr als 80.000 Führungskräften die in Abbildung 1 wiedergegebenen Fragen, welche aus der Sicht von Beschäftigten auf diejenigen **Elemente** verweisen, die für die **Qualität von Arbeit** entscheidend sind.

1. Weiss ich, was bei der Arbeit von mir erwartet wird?
2. Habe ich die Materialien und Arbeitsmittel, um meine Arbeit richtig zu machen?
3. Habe ich bei der Arbeit die Gelegenheit das zu tun, was ich am besten kann?
4. Habe ich in den letzten sieben Tagen für gute Arbeit Anerkennung und Lob bekommen?
5. Interessiert sich mein Vorgesetzter bzw. meine Vorgesetzte oder eine andere Person bei der Arbeit für mich als Person?
6. Gibt es bei der Arbeit jemanden, der mich in meiner Entwicklung fördert?
7. Habe ich den Eindruck, dass bei der Arbeit meine Vorstellungen zählen?
8. Geben mir die Ziele und Unternehmensphilosophie meiner Firma das Gefühl, dass meine Arbeit wichtig ist?
9. Sind meine Kolleginnen und Kollegen bestrebt, Arbeit von hoher Qualität zu leisten?
10. Habe ich innerhalb der Firma einen sehr guten Freund bzw. eine sehr gute Freundin?
11. Hat in den letzten sechs Monaten jemand in der Firma mit mir über meine Fortschritte gesprochen?
12. Hatte ich bei der Arbeit bisher die Gelegenheit, Neues zu lernen und mich weiter zu entwickeln?

Abbildung 1: Zwölf Fragen zur Analyse der Mitarbeiterbindung (nach Gallup GmbH, 2014, S. 42)

1.2 Menschen- und Arbeitsbilder

1965 führten Robert Rosenthal und Leonore Jacobson ein Experiment durch (Rosenthal & Jacobson, 1968), bei welchem sie Lehrern vortäuschten, dass diese neben durchschnittlichen auch besonders intelligente Schüler zu unterrichten hätten. Tatsächlich aber handelte es sich bei den besonders intelligenten Kindern statistisch gesehen um normale Kinder. Der Unterschied zwischen den besonderen und den gewöhnlichen Schülern existierte also nur in der Auffassung der Lehrer. Weil aber die Lehrer meinten, es handle sich um besonders intelligente Kinder, stellten sie diesen höhere Anforderungen, waren freundlicher im Umgang mit ihnen, gaben ihnen präzisere Feedbacks und mehr Gelegenheit zu anspruchsvoller Leistung mit dem Effekt, sodass sich die ursprünglich eigentlich durchschnittlichen Kinder innerhalb eines Jahres überdurchschnittlich entwickelten.

Offenbar beeinflussten die Annahmen, Überzeugungen, Einstellungen, Erwartungen oder Vorurteile die Leistungen und Entwicklungen der Schüler und führten zu einer sich selbst erfüllenden Prophezeiung. Dieser Effekt wird **Rosenthal-Effekt** oder **Pygmalion-Effekt** genannt – angelehnt an den König Pygmalion aus der griechischen Mythologie. Der König schuf sich eine weibliche Figur aus Elfenbein, in die er sich verliebte und die lebendig wurde. Die Geschichte wurde im Theaterstück „Pygmalion“ von George Bernard Shaw sowie im Musical „My Fair Lady“, in dem Professor Henry Higgins aus der Blumenverkäuferin Eliza Doolittle eine Dame der besseren Gesellschaft formt, ebenfalls aufgegriffen.

Derartig mehr oder weniger explizite Annahmen, Überzeugungen und Erwartungen beziehungsweise solche subjektive „Theorien“ über Menschen gibt es auch im Human Resource Management. Es sind Auffassungen, Grundannahmen, Bilder und Vorurteile. Sie beziehen sich auf das Wesen des arbeitenden Menschen, auf die Bedeutung von Arbeit, auf die Führung oder auf das Verhältnis zwischen Vorgesetzten und Mitarbeiterinnen und Mitarbeitern und bringen die Auffassung zum Ausdruck, wie Menschen sind, was gute und schlechte Führung ist und ob

Arbeit Lust oder Last ist – und sie haben das Potenzial, sich als sich selbst erfüllende Prophezeiung zu verwirklichen.

1960 durchleuchtete Douglas McGregor die den Managementzielen und -praktiken zugrunde liegenden Annahmen und verdeutlichte die Auswirkungen dieser Annahmen auf das Verhalten und die Leistungen der Mitarbeiterinnen und Mitarbeiter. Dabei unterschied er zwei Theorien, die Theorie X und die Theorie Y. **Theorie X** geht von traditionellen Unternehmen aus, deren Vorstellung von den Bedürfnissen des „Durchschnittsmenschen" wie folgt zusammengefasst werden kann:

- Der Durchschnittsmensch hat eine angeborene Abneigung gegen Arbeit und versucht, ihr aus dem Wege zu gehen, wo er kann.
- Weil der Mensch durch Arbeitsunlust gekennzeichnet ist, muss er gezwungen, gelenkt, geführt und mit Strafe bedroht werden, um ihn mit Nachdruck dazu zu bewegen, das vom Unternehmen gesetzte Soll zu erreichen.
- Der Durchschnittsmensch zieht es vor, an die Hand genommen zu werden, möchte sich vor Verantwortung drücken, besitzt verhältnismässig wenig Ehrgeiz und ist vor allem auf Sicherheit aus.

Weil nach McGregors Meinung in dieser Sicht das menschliche Potenzial nur sehr unvollkommen widerspiegelt wird, stellt er der Theorie X die **Theorie Y** entgegen, mit der seiner Auffassung nach persönliche und unternehmerische Ziele besser erreicht werden können. Die Theorie Y beinhaltet das folgende Menschenbild:

- Die Verausgabung durch körperliche und geistige Anstrengung beim Arbeiten kann als ebenso natürlich gelten wie Spiel oder Ruhe.
- Von anderen überwacht und mit Strafe bedroht zu werden, ist nicht das einzige Mittel, jemanden zu bewegen, sich für die Ziele des Unternehmens einzusetzen. Zugunsten von Zielen, denen er sich verpflichtet fühlt, wird sich der Mensch der Selbstdisziplin und Selbstkontrolle unterwerfen.

- Wie sehr sich der Mensch den Unternehmenszielen verpflichtet fühlt, ist auch eine Funktion der materiellen und immateriellen Belohnungen, die mit ihrem Erreichen verbunden sind.
- Der Durchschnittsmensch lernt unter geeigneten Bedingungen nicht nur, Verantwortung zu übernehmen, sondern sie sogar zu suchen.
- Die Anlage zu einem verhältnismässig hohen Grad von Vorstellungskraft, Urteilsvermögen und Erfindungsgabe für die Lösung organisatorischer Probleme ist in der Bevölkerung weit verbreitet.
- Unter den Bedingungen des modernen industriellen Lebens ist das Vermögen an Verstandeskräften, über das der Durchschnittsmensch verfügt, nur zum Teil genutzt.

Beide Theorien beziehungsweise Menschenbilder sind Bestimmungsfaktoren für die Arbeits- und Organisationsgestaltung und für die Personalführung. Analog zum Experiment von Robert Rosenthal und Leonore Jacobson können sie zu **sich selbst erfüllenden Prophezeiungen** führen (vgl. Abbildung 2). Folgende Beispiele veranschaulichen dies:

- **In der Arbeits- und Organisationsgestaltung**: Wo von der Auffassung ausgegangen wird, der Mensch sei eigentlich arbeitsfaul, verantwortungsscheu und passiv, herrschen eher Zwang und strenge Kontrollen, die dazu führen, dass die Menschen die Arbeit tatsächlich nicht spannend finden. Geht man umgekehrt davon aus, dass die Menschen gerne arbeiten, wird eher eine erfüllende Arbeitsorganisation angestrebt mit dem Ergebnis, dass die Menschen sich darin wohl fühlen und tatsächlich gerne arbeiten.
- **In der Personalführung:** Wenn Vorgesetzte denken, Mitarbeiter A habe großes Potenzial und sie deswegen erwarten, dass er auch schwierige Aufgaben meistern wird, dann geben sie ihm herausforderungsreiche Chancen und damit die Möglichkeit, an den Aufgaben zu wachsen und somit sein Potenzial zu entwickeln. Wenn Lehrende denken, die Studierendengruppe B sei intelligenter und sie deswegen erwarten, dass die Gruppe B rascher lerne als die anderen, setzen sie für B intensivere Lernziele und bewirken, dass die Gruppe B tatsächlich rascher

lernt. Und wenn die Lehrmeisterin denkt, Lehrling C sei faul und aus ihm werde nichts und sie deswegen erwartet, C strenge sich sowieso nicht an, dann erhält C keine Aufgaben, an denen er wachsen kann und es wird tatsächlich nichts aus ihm.

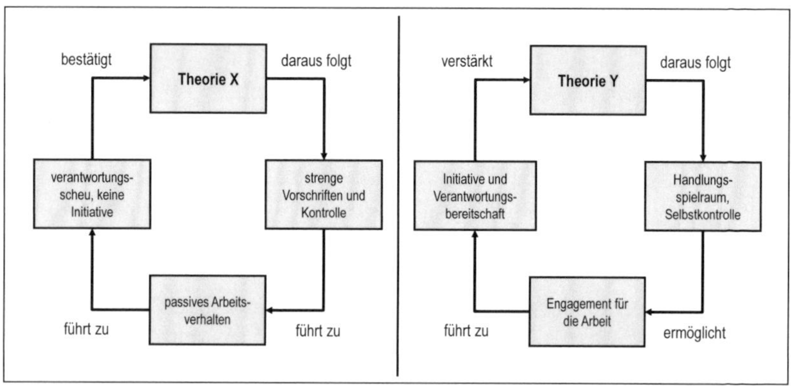

Abbildung 2: Theorien X und Y von McGregor (1960) als sich selbst erfüllende Prophezeiungen (Ulich, Baitsch & Alioth, 1983, S. 18)

Allerdings ist es nicht so, dass es nur Vorgesetzte sind, die Bilder von ihren Mitarbeiterinnen und Mitarbeitern haben, und dass es nur eine Theorie X oder eine Theorie Y gibt. Solche Typologien von Menschenbildern sind zudem gedankliche Extremformen, die in der Realität in unterschiedlichen Schattierungen auftreten können. Auch Mitarbeiterinnen und Mitarbeiter haben Bilder von ihren Vorgesetzten, Studierende haben Professorenbilder, Ärzte Patienten-, Patienten Ärztebilder, die klassische Ökonomie hat ihren homo oeconomicus, die Pädagogik ihre Jugendbilder und alle haben ihr Selbstbild! Aber: Menschenbilder können sich verändern.

1.3 Die besondere Stellung des Menschen im Unternehmen

Unternehmen sind Wertschöpfungsorganisationen. Unter Nutzung von Spezialisierungsvorteilen erbringen sie Leistungen für Dritte, wofür sie Ressourcen wie beispielsweise Geld, Informationen, Technik oder menschliche Arbeit benötigen. Im Vergleich zu Finanzmitteln oder Maschinen kommt den Menschen – den Human Resources – eine besondere Bedeutung zu. Sie sind emotional, weinen bei Enttäuschungen, ereifern sich für Neues, haben Wünsche und Pläne, wollen Perspektiven, haben Vertrauen, Freunde und Gewohnheiten und manchmal sind sie müde, unberechenbar oder stur. Dabei sind sie Opfer und Täter, Beteiligte und Betroffene, Führende und Ausführende. In Anlehnung an Charles Lattmann (1982), dem ersten Professor für Human Resource Management an der Universität St. Gallen, und unter Bezugnahme auf die Literatur zur ressourcenorientierten Unternehmensführung (z. B. Barney & Wright, 1998) lässt sich heute die **Sonderstellung der Menschen** in ihrer Arbeit und im Unternehmen wie folgt skizzieren:

- Sie haben einen Eigenwert. Sie wollen nicht nur ein Mittel zum (Unternehmens-) Zweck Anderer sein, sondern aus ihrer Sicht sind Arbeit und Unternehmen Mittel für ihre Zwecke.
- Sie sind nicht nur ins Unternehmen, sondern in verschiedene Beziehungsnetze, wie Familie, Vereine und Freunde eingebunden. Diese sind Bestandteile ihrer Privatsphäre.
- Sie sind autonom, eigenwillig und selbstständig. Aus der Beantwortung der Fragen „Wer bin ich?“, „Was kann ich?“ und „Was will ich?“ bestimmen sie, was für sie im Unternehmen und in ihrer Arbeit sinnvoll ist.
- Anders als bei Maschinen ist ihr Handeln nicht festgelegt. Diese Handlungsspielräume füllen sie mit ihren Hoffnungen, Intentionen und Plänen.
- In ihre Arbeit bringen sie ihre Ideen, ihr Wissen, ihr Können, ihre Gewohnheiten und ihre Gesundheit ein, und aus ihrer Arbeit schöpfen sie Belohnungen, Expertise, Beziehungen und Vertrauen in sich und in ihr Umfeld.
- Human Resources sind lernfähig, wie Lernkurven zum Ausdruck bringen. Sie sind anpassungsfähig, sie sind innovativ und kreativ und das Energiezentrum der unternehmerischen Produktivität. Geld ist nicht produktiv, nur die Menschen, die damit umgehen.

Weil Humanressourcen nicht einfach geklont oder ausgewechselt werden können, sind sie für das Unternehmen von besonderem Wert. Hier setzt Human Resource Management an, welches davon ausgeht, dass die Menschen an Arbeit interessiert sind, weil diese für sie sehr bedeutsam ist und dass die Unternehmen an ihren arbeitenden Menschen interessiert sind, weil diese für sie eine Ressource darstellen. Empirisch zum Ausdruck kommt dies beispielsweise in der Untersuchung „Competitive Advantage through People" von Jeffrey Pfeffer (1994). Von den börsennotierten Unternehmen der Vereinigten Staaten filterte er diejenigen fünf heraus, die zwischen 1972 und 1992 die durchschnittlich höchste Eigenkapitalrentabilität aufwiesen. Er stellte fest, dass diese ihren Erfolg nicht einer bestimmten Technologie, Patenten oder geschützten Märkten und günstigen Finanzmitteln zu verdanken hatten, sondern dem Engagement ihrer Beschäftigten und spezifischen Praktiken des Human Resource Managements (z. B. rigorose Personalauswahl, klare Leistungsfeedbacks, weitgehende Delegation, intensive Information und Partizipation, langfristige Planung).

2 Human Resource Management (HRM) in der Praxis

Die Praxis des Human Resource Managements ist jung: gerade etwa 90.000-jährig. Vor so vielen Jahren – so sagt die Anthropologie – erkannten die Mitglieder der damaligen Menschenrudel, dass es wohl besser sei, untereinander zu koordinieren, wer jagen und sammeln soll, statt dass jeder jagte und sammelte, denn die Eignungen und Neigungen dazu waren unterschiedlich verteilt. Es bildete sich eine Arbeitsteilung heraus. Heute sind die Menschen in Unternehmen organisiert, die einem Wettbewerb ausgesetzt sind. Ihre Eignungen und Neigungen, ihr Wissen, Können und Wollen sind individuell verschieden. Wie können diese individuellen Motivationen und Qualifikationen einerseits und die organisatorischen Ziele und Bedingungen andererseits koordiniert werden, damit das Unternehmen und seine Angehörigen im Wettbewerb Erfolg haben?

2.1 Aufgaben – Die inhaltliche Dimension des HRM

Es gibt weder DIN-Normen, noch zehn Gebote und auch keine Gesetze, welche die Aufgaben, Funktionen, Politikbereiche, Praktiken oder Tätigkeitsbündel des Human Resource Managements final bestimmen. Wie aus dem Wort „Aufgabe" hervorgeht, ist es den Beteiligten vor Ort aufgegeben, zu bestimmen, was Sache ist. Entsprechend vielfältig sind die Kataloge der **Aufgaben des Human Resource Managements**. Aus Sicht der Unternehmensleitung unterscheidet Dave Ulrich (1997) **vier Funktionen des Human Resource Managements** (siehe Abbildung 3).

Abbildung 3: Funktionen des Human Resource Managements (Ulrich, 1997, S. 24)

Zwei weitere Ansätze, die in fast jedem Lehrbuch zur Entwicklung des Human Resource Managements genannt werden, sind der Harvard-Ansatz und der Michigan-Ansatz. Der **Harvard-Ansatz** (Beer, Spector, Lawrence, Mill & Walton, 1984) skizziert vier Politikfelder: HR-Bewegungen (Gewinnung, Einsatz, Entlassung), Arbeitnehmereinfluss, Belohnungssystem und Arbeitssystem. Der **Michigan-Ansatz** (Tichy, Fombrun & Devanna, 1982) unterscheidet die vier Teilfunktionen Personalauswahl, Leistungsbeurteilung, Belohnung und Personalentwicklung und differenziert deren Inhalt je nach Führungsebene.

Aus der **ressourcenorientierten Unternehmensführung** (Prahalad & Hamel, 1990) lassen sich weiter Aufgaben ableiten, die sich auf die Diagnose, Entwicklung, Erhaltung und Bündelung von Qualifikationen konzentrieren.

Fasst man diese Ansätze zusammen, so kann von folgenden **Aufgabenfeldern des Human Resource Managements** ausgegangen werden:

- alle personellen Aspekte, die mit der Strategie, Struktur und Kultur des Unternehmens zu tun haben,
- die Entwicklung und Implementierung von personalpolitischen Grundsätzen,
- der Aufbau und die Pflege der Beziehungen zu den Arbeitnehmer- und Arbeitgeberorganisationen,
- die Gewährleistung der erforderlichen Qualifikationen (z. B. durch Rekrutierung, Einsatzplanung, Aus- und Weiterbildung),
- die Schaffung von günstigen Bedingungen zur Motivation (z. B. durch entsprechende Arbeitsorganisation, Belohnung, Anerkennung und Feedbacks),
- die persönliche Führung und
- die Personaladministration.

2.2 Träger – Die organisatorische Dimension des HRM

Für die Ausübung der HRM-Aufgaben kommen ganz unterschiedliche **Träger** in Betracht: die Unternehmensleitung, Stäbe, Teilbereichsleitungen, Personalfachleute, Berater, Arbeitnehmervertretungen, Vorgesetzte verschiedener Ebenen und die Beschäftigten. Außer bei Kleinstunternehmen wird kein Träger alle Funktionen und Aufgaben selbst erfüllen können. Human Resource Management ist also nicht einfach das, was die Personalabteilung tut. Es wird von verschiedenen Akteuren getragen und in größeren Unternehmen durch elektronische Informationssysteme (z. B. „PeopleSoft", „SAP", „HR4YOU") unterstützt.

Der **Aufsichts- beziehungsweise Verwaltungsrat** einer Aktiengesellschaft ist für die Ernennung und Abberufung der mit der Geschäftsführung und Vertretung betrauten Personen und für die Oberaufsicht über diese Personen verantwortlich. Um die Qualität der HRM-Prozesse zu gewährleisten, kann er separate Ausschüsse bilden, beispielsweise ein Compensation Committee

(Entschädigungsausschuss) und/oder ein Nomination Committee (Ernennungsausschuss).

Zu den zentralen Verantwortlichkeiten des **Chief Executive Officers (CEO)** einer Ländergesellschaft des in der Schweiz ansässigen Schindler-Konzerns gehören beispielsweise die Personalplanung auf der Basis der Konzernvorgaben, die Führung und Entwicklung von Kader und Belegschaft (u. a. Motivation, Sicherheit, Talententwicklung, Nachfolgeplanung) abgestimmt mit der Personalstrategie des Konzerns und die Gewährleistung ordnungsgemässer Prozesse. Und der **HR-Manager** im gleichen Konzern plant beispielsweise Rekrutierungen, organisiert Aus- und Weiterbildungen, administriert Löhne und Entschädigungen, überwacht Leistungsbeurteilungen, hält Verbindung mit den Arbeitnehmervertretungen und Gewerkschaften und berät und unterstützt die Linie in ihrer Personalführung.

Historisch wurden die Personalaufgaben immer von Linienvorgesetzten übernommen: dem Abt im Kloster, dem Gutsherr in seinem Betrieb und dem Hauptmann im Militär. Erst als die Organisationen viel größer und die Personalaufgaben quantitativ und qualitativ nicht mehr vom Linienvorgesetzten allein wahrgenommen werden konnten, entstanden Gehilfen: Aufseher, Verwalter, Werber, Zahlmeister. Die Personalabteilungen beziehungsweise die HR-Departements der heutigen Unternehmen entstanden im Gefolge der industriellen Revolutionen des 19. und 20. Jahrhunderts, als die Unternehmen zunehmend größer, die Produktionsprozesse komplexer und die menschliche Arbeit immer spezialisierter wurden. Die **Zusammenarbeit der verschiedenen Akteure im Human Resource Management** kann in einem sogenannten Geschäftsverteilungsplan oder Funktionsdiagramm dargestellt werden (siehe Abbildung 4).

2.3 Segmente – Die Zielgruppen des HRM

Bei McDonalds dauert die Einarbeitung für Mitarbeitende an der Kasse, am McDrive oder hinter den Kulissen einige Stunden. Die Ausbildung von Franchisenehmern, die ein eigenes Geschäft führen, dauert hingegen 9 bis 12 Monate. Die beiden Gruppen unterscheiden sich aber nicht nur in der Ausbildungszeit, son-

Was / Funktionen des HRM — Wer / Institutionen des HRM	GL	Linie	Stäbe	Externe	MA
Strategisches HR-Management					
Systeme, Prozesse, Infrastrukturen					
Performance Management					
Transformation, Change Management					

Abbildung 4: Aufgaben und Träger des Human Resource Managements in einem Funktionsdiagramm

dern auch hinsichtlich ihrer Aufgaben, Kompetenzen, Verantwortlichkeiten, arbeitsorganisatorischen Bedingungen, Belohnung, Einsatzplanung, Motivation und finanziellem Engagement. Das Human Resource Management von McDonalds differenziert deshalb seine Human Resources in verschiedene **Segmente** und entwickelt für jedes Segment eine spezifische Personalpolitik. Analog haben beispielsweise Universitäten ein Human Resource Management für Professorinnen und Professoren und ein Human Resource Management für das wissenschaftliche, administrative und technische Personal. Für jede Gruppierung ist das Human Resource Management inhaltlich und organisatorisch massgeschneidert. Ein derartiger Fokus ermöglicht es, auf die spezifischen Bedürfnisse und Bedingungen der jeweiligen Gruppe einzugehen, erhöht umgekehrt aber die Kosten.

Für die **Gruppenbildung** können folgende **Kriterien** in Frage kommen:

- juristische, z. B. Lernende, Angestellte, Freelancer, Franchisenehmer,
- persönliche, z. B. High Potentials, Menschen mit Behinderung,
- organisatorische, z. B. Hierarchieebene, Funktionsbereich, und/oder
- arbeitsmarktbezogene, z. B. Expatriates/Impatriates, Berufsgruppen.

Fasst man den Zweck, die Aufgaben, Träger und Zielgruppen des **Human Resource Managements** zusammen, so kann dieses wie folgt definiert werden:

> Human Resource Management umfasst alle Personen, Institutionen und Funktionen, die der Nutzung und Entwicklung der Kompetenzen und Motivationen von Führungskräften und Mitarbeitenden als Grundlage und Bestandteil der Unternehmensführung dienen.

2.4 Wert und Wirkung des HRM

1946 formulierte Alfred P. Sloan, Präsident von General Motors, anlässlich einer Generalversammlung:

> *„Die gleichen Rohstoffe stehen allen zur Verfügung, die gleiche betriebliche Ausstattung wird jedem geliefert, der sie bezahlen kann. Die technische Entwicklung ist im Allgemeinen jedermann zugänglich. Arbeitskräfte können von jedermann zu ungefähr gleichen Bedingungen angeworben werden. Die gleichen Finanzierungsmittel werden jedermann zur Verfügung gestellt, der ein entsprechendes Programm vorlegt und für seine Durchführung geradestehen kann. Der Unterschied zwischen dem einen und dem anderen Unternehmen besteht nur in der Menschenführung und in der Menschenauswahl".*

In dieser Sicht liegen die Wettbewerbsvorteile eines Unternehmens also im Wesentlichen bei den Human Resources und im Human Resource Management begründet. Wer das bessere Fußballteam hat, gewinnt den Match. Es ist deshalb nicht erstaunlich, dass häufig die Börsenkapitalisierung, vor allem bei Knowhow intensiven (Dienstleistungs-)Unternehmen, deren Buchwert bei weitem übertrifft. Bei SAP oder Microsoft, als wissensintensive Unternehmen, betrugen die börsenkapitalisierten Werte im Oktober 2015 beispielsweise das Fünffache des Buchwertes. Bei Produktionsunternehmen wie Shell oder RWE hingegen, liegt der Wert zum gleichen Zeitpunkt unter 1.

Die **monetäre Bedeutung der Humanressourcen** wird spätestens dann spürbar, wenn Fluktuationskosten zu Buche schlagen. Verlässt eine Führungskraft ein Unternehmen, fallen Wiederbeschaffungskosten an. Diese bewegen sich je nach Funktionsprofil und Arbeitsmarktlage in der Größenordnung von bis zu 12 Monatsgehältern. Die Wiederbeschaffungskosten für ganze Belegschaften, das heißt für eingespielte Systeme von Humanressourcen, betragen das Zwei- bis Fünffache der jährlichen Lohn- und Gehaltssumme (Likert, 1967). Die Differenz erklärt sich aus allen Kosten, die entstehen, um die einzelnen Betriebsangehörigen zu einer eingespielten Belegschaft hinzuführen. In der Differenz zwischen den individuellen und den organisatorischen Wiederbeschaffungskosten kommt zum Ausdruck, dass 50 Musiker noch kein Orchester, 11 Spieler noch keine Fußballmannschaft und mehrere Ökonomen noch keinen Konzernstab bilden.

Obwohl eine verständliche Abneigung dafür bestehen mag, den Wert von Menschen im Betrieb auf Kapitalwerte oder Wiederbeschaffungskosten zu reduzieren, so zeigt sich doch an diesen Beispielen, dass die Humanressourcen nicht nur moralisch wertvoll sind, sondern auch ökonomisch. Wie aber kann deren Wert bestimmt werden? Und worin liegen die Voraussetzungen, damit die Menschen im Betrieb und die Unternehmen mit ihren Humanressourcen Erfolg haben?

Die Liste mit empirischen Befunden zum Zusammenhang zwischen Strukturen, Prozessen und Instrumenten des Human Resource Managements auf der einen Seite und spezifischen Erfolgskriterien auf der anderen Seite ist lang. Viele Zusammenhänge auf dieser Liste kann man erklären. Sie sind Grundlage für mögliche Handlungsempfehlungen. Deshalb besteht ein praktisches Interesse, Zusammenhänge zwischen Strukturen, Prozessen und Instrumenten des HRM und deren Effekte zu erklären. Dazu braucht es Theorien, worum es im nächsten Abschnitt geht.

3 Wissenschaftliche Konzeptionen

In den vergangenen 100 Jahren haben sich verschiedene wissenschaftliche Auffassungen, „Lehrmeinungen“ und „Doktrinen“ zum Human Resource Management herausgebildet. Je nach

Blickwinkel differieren ihre Sicht, ihr Fokus, ihre Erklärungshypothesen und ihre Gestaltungsempfehlungen. Nachfolgend werden drei Sichtweisen der letztlich einen HRM-Welt skizziert.

3.1 HRM aus der Sicht der Ingenieurwissenschaften: Scientific Management

Im sogenannten **„Scientific Management"** dominiert die Sichtweise der Ingenieure, die stark mit der Person von Frederick W. Taylor – selbst Ingenieur – in Verbindung gebracht wird. Ausgangspunkt bildeten die Bedingungen in der industriellen Fertigung im ausgehenden 19. und frühen 20. Jahrhundert. Technologische Innovationen, Bevölkerungszunahme und wachsende Märkte führten zu großen Unternehmen mit einem hohen Bedarf an Menschen für den Betrieb dieser Fabrikanlagen. Die eingesetzten Arbeitskräfte waren mit den neuen Aufgaben und Abläufen aber wenig vertraut. Sie waren anthropologisch für Fabriken nicht geschaffen, Kontrollen gegenüber grundsätzlich abgeneigt und von den herrschenden Arbeitsbedingungen wenig angezogen. Zudem hatten diese Arbeitskräfte keine alternativen Erwerbsmöglichkeiten. Auch die Landwirtschaft mit ihren hohen Produktivitätsfortschritten brauchte sie nicht. So waren die eingesetzten Arbeitskräfte für ihre Arbeitsaufgaben wenig qualifiziert, drückten sich um die Arbeit und wechselten häufig den Betrieb. Dies erhöhte den Personalbedarf zusätzlich. Einen Rekord verzeichnete 1913 die Autofabrik von Henry Ford in Highland Park, einem Vorort von Detroit, wo die Fluktuationsrate 370 % betrug. Dies bedeutete, dass bei einem durchschnittlichen Personalbestand von 14.000 pro Jahr 51.800 Personen eingestellt werden mussten. Auch das Geschick des Managements war wenig entwickelt. Es plante, gestaltete und kontrollierte in der Auffassung von Taylor mit unreflektiert übernommenen traditionellen Methoden und Faustregeln, sogenannten „rules-of-thumb", aus vorindustriellen Fertigungszeiten.

Diese in seiner Sicht ineffizienten Arbeitsorganisationen und Personalführungssysteme wollte Frederick W. Taylor optimieren, indem er für jedes Arbeitsverfahren mit Arbeitsanalysen, Zeit- und Bewegungsstudien und unter Nutzung einer weitgehenden

Arbeitsteilung und Standardisierung die „one-best-method" zu ermitteln suchte (Taylor, 1911). Auch im Management wollte er die herkömmlichen Meister, welche eine Arbeitsaufgabe planten, organisierten und kontrollierten, durch spezialisierte Funktionsmeister ersetzen: „route clerks, instruction card clerks, cost an time clerks, gang bosses, speed bosses, inspectors, repair bosses and the shop disciplinarian". **„Wissenschaftliche Betriebsführung"** hieß also, Arbeiten systematisch in einzelne Schritte zu teilen, dabei den „one-best-way" zu bestimmen, dafür die geeigneten Arbeiter auszuwählen, sie präzis anzuleiten, mit finanziellen Anreizen zu motivieren und die Arbeitsergebnisse zu kontrollieren. Unter der Voraussetzung, dass sich Arbeiter und Unternehmer die Produktivitätsfortschritte teilten, sollten so die Entgelte für die Arbeiter um 30 bis 100 % erhöht werden können. Gemäß Taylor lag das auch im Interesse der Arbeitnehmer, weil diese letztlich hauptsächlich nach hohen Löhnen strebten.

Auch wenn diesem Konzept durchaus ehrenwerte Motive zugrunde liegen mögen und auch wenn damit in tief qualifizierten Arbeitsmärkten eine produktive industrielle Massenfertigung möglich wurde, so erwuchs ihm doch erhebliche Kritik.

Diese **Kritik am Scientific Management** beziehungsweise am **Taylorismus** brachte Charlie Chaplin in seinem Film „Modern Times" deutlich zum Ausdruck: die Monotonie der Arbeit als Folge der weitgehenden Arbeitsteilung (Trennung von Planung und Ausführung, von Denken und Tun), die damit verbundene Entfremdung von der Arbeit, die Verdummung durch übermäßige Spezialisierung, die Stellung des Menschen im Betrieb als Zahnrädchen und seine Behandlung als kleine Quasi-

Maschine. Dem entsprach ein Führungskonzept, das durch Disziplinierung und extrinsische „Motivierung“ Drückebergerei zu minimieren und Produktivität zu maximieren suchte. Gleichzeitig erhöhten sich aber die Kosten für die Führung und für die Organisation, weil der Bedarf an spezialisierten Funktionsmeistern stieg, weil zusätzliche Kontrollen nötig wurden und weil sich Folgekosten durch Qualitätsverluste und Fehlzeiten einstellten.

Tayloristische Sichtweisen, Denkmuster und Handlungsregeln prägen auch heute das Human Resource Management, etwa wenn

- Betriebe als große Produktions- und Kostenfunktionen aufgefasst werden, wo menschliche Arbeit und Humanressourcen diszipliniert und auf Kostenfaktoren reduziert werden, und sich die Intelligenz des Betriebes in der Organisation und nicht in der Qualifikation der Beschäftigen manifestiert;
- in Zentralen und Hauptquartieren, in denen fernab von den Betroffenen Strukturen, Prozesse und Instrumente geplant werden, deren Umsetzung dann als ein technisches Problem des Anordnens, Kontrollierens und Belohnens betrachtet wird;
- versucht wird, mit Arbeitsteilung Produktivität, mit Uniformität Spezialisierung, und mit Zentralisierung und Fremdbestimmung Standardisierung zu erzeugen, und
- die Motivation über Geld erfolgt, der Lohn an die Leistung der Mitarbeiterinnen und Mitarbeiter gekoppelt wird, und alternative Führungsmittel als relativ unerheblich betrachtet werden.

3.2 HRM aus der Sicht der Psychologie: Human Relations

In den 1920er Jahren führten Elton Mayo und seine Kollegen in den Werken der Western Electric (AT&T) in Hawthorne im US-Bundesstaat Illinois Experimente mit dem Zweck durch, leistungsoptimale Arbeitsbedingungen zu schaffen. Ganz im Sinne des Scientific Management wurde der Einfluss physischer Arbeitsbedingungen untersucht, wie beispielsweise die Bedeutung der Beleuchtung bei der Montage von Telefon-Relais. Im Relay Assembly Test Room (RATR) montierten Frauen solche Relais.

Während einer 48-Stundenwoche, einschließlich der Samstage und ohne Ruhepausen, wurden von jeder Frau im Durchschnitt pro Woche 2.400 Relais hergestellt.

Nach der Veränderung der Beleuchtung wurde die Arbeitsorganisation für einen Teil der Frauen (Experimentalgruppe) schrittweise verändert, für den anderen Teil der Frauen (Kontrollgruppe) blieb sie hingegen gleich (Mayo, 1933, S. 55–76):

- Die Frauen wurden anstatt im Individualstücklohn im Gruppenstücklohn bezahlt. Ihre Leistung stieg.
- Dann wurde je eine fünfminütige Pause am Morgen und am Nachmittag eingeführt, die später auf je 10 Minuten verdoppelt wurden. Die Leistung der Frauen erhöhte sich.
- In einer weiteren Phase wurden sechs fünfminütige Pausen eingeführt mit dem Ergebnis, dass der Output leicht sank. Die Frauen erklärten, durch die häufigen Pausen sei ihr Arbeitsrhythmus gestört worden.
- Deshalb erfolgte eine Rückkehr zu zwei zehnminütigen Pausen. In der Morgenpause, die später auf 15 Minuten verlängert wurde, erhielten die Arbeiterinnen gratis ein Sandwich und einen Kaffee oder eine Suppe. In der Folge stieg ihre Leistung.
- In der Folgeperiode wurde die Tagesarbeitszeit um eine halbe Stunde verkürzt (Wochenarbeitszeit neu 45 Stunden), mit dem Effekt, dass sowohl die Tages- wie die Wochenleistung zunahmen.
- Nach einigen Wochen wurde die Tagesarbeitszeit noch einmal um eine halbe Stunde verkürzt. Mit der neuen Wochenarbeitszeit von 42 Stunden sank zwar der Tages- und Wochenoutput, die Produktivität pro Stunde nahm jedoch zu.
- Dann wurde die Wochenarbeitszeit wieder auf 48 Stunden erhöht mit dem überraschenden Ergebnis, dass der Output ein Rekordhoch erreichte.
- Zuletzt wurden stufenweise sämtliche Verbesserungen (Pausen, Getränke, Verpflegung) wieder zurückgenommen, worauf die Leistung kontinuierlich stieg, bis zu ihrem Maximum von durchschnittlich 3.000 Stück pro Woche.

Fazit: die Produktion stieg sowohl bei Verbesserungen als auch bei Verschlechterungen der Arbeitsbedingungen. Diese Beobachtung machte man sowohl in der Experimental- wie in der Kontrollgruppe. Mit den Annahmen des Scientific Management konnte dieser Befund nicht erklärt werden. Wenn das Experiment korrekt durchgeführt wurde, musste es demnach noch weitere Faktoren geben, welche die Produktivität von Menschen bestimmen.

Mit dem **Hawthorne-Effekt** wird heute in der Forschung das Phänomen bezeichnet, dass Menschen ihr Verhalten ändern, wenn sie wissen, dass sie beobachtet werden und an einem Experiment teilnehmen. Offenbar war dies auch in der damaligen Versuchsanordnung der Fall: Als Folge der besonderen Aufmerksamkeit, die ihnen wegen der Untersuchungen zuteil wurde, reagierten die Frauen mit höherer Produktion. Nicht die Beleuchtung, sondern die Zuwendungen und die Beachtung führten also zu einer Mehrleistung. Weitere Forschungen bestätigten, dass nicht nur physiologische Arbeitsbedingungen, sondern auch psychologische Faktoren Leistung und Zufriedenheit der Arbeitnehmerinnen und Arbeitnehmer bestimmten.

Mit einem weiteren Experiment, das in Hawthorne durchgeführt wurde, sollten die Auswirkungen von Gruppenlöhnen untersucht werden. Im Bank Wiring Observation Room stellten (männliche) Arbeitsteams Wicklungen für Motoren her. Um die Kooperation zwischen den Teammitgliedern zu fördern, zählte für die Entlohnung nicht nur die individuelle Leistung, sondern auch das Gruppenergebnis. Bald entwickelten die Gruppen eine eigene Auffassung darüber, was eine angemessene Tagesleistung war. Abweichler wurden diszipliniert und den Vorgesetzten die tatsächliche Leistung vorenthalten. Der Output beziehungsweise die Leistung war also in diesem Experiment nicht von der individuellen Leistung der einzelnen Arbeiter abhängig, sondern auch von den Normen der Gruppe.

Die aus den **Hawthorne-Experimenten** entstandene sogenannte **Human-Relations-Bewegung** ergänzte die technische Sicht des Scientific Managements mit einer psychologischen Sichtweise. Demnach sind es nicht nur monetäre Faktoren und arbeitsphysiologische Bedingungen, welche die menschliche Arbeitsleistung bestimmen, sondern auch (sozial-)psychologische Faktoren der Anerkennung, der menschlichen Beziehungen inklusive Führung und der Organisation in Gruppen. Der Redensart „Glückliche Kühe geben mehr Milch" entsprechend stehen die Befriedigung vor allem der sozialen Bedürfnisse der Beschäftigten, deren Zufriedenheit und das Betriebsklima im Zentrum. Anders als im Taylorismus werden die Menschen im Betrieb nicht mehr einfach nur als Produktionsfaktoren und Maschinenfortsätze betrachtet, sondern als nicht immer ganz pflegeleichte Subjekte, die durchaus auch eigensinnige Gruppen und Normen bilden können. Dies ist ein Phänomen, an welchem sich viele technokratisch orientierte Change Manager die „Zähne ausbeißen".

3.3 HRM aus der Sicht der Ökonomie: Anreize und Beiträge

In der Wahrnehmung der Betroffenen kann der Hawthorne-Effekt auch so gedeutet werden: „Wenn du dich um mich kümmerst, dann kümmere ich mich auch um dich!" oder „Wenn du mir Aufmerksamkeit schenkst, dann leiste ich mehr für dich". In dieser Interpretation werden Beziehungen zu Tausch- und Kooperationsbeziehungen, denen ein Kalkül zugrunde liegt.

Dies führt zu einer spezifisch ökonomischen Sicht, die von Chester Barnard, einem Top-Manager, begründet (Barnard, 1938) und später von den Wissenschaftlern James March und Herbert Simon (March & Simon, 1958) weiterentwickelt wurde. Sie kommt in der sogenannten **Anreiz-Beitrags-Theorie** zum Ausdruck. Diese geht davon aus, dass Menschen deshalb in Unternehmen mitarbeiten, weil ihnen die Unternehmen entsprechende Anreize bieten. Die Anreize (beispielsweise finanzielle, soziale, inhaltliche) sind dabei so verschieden wie die Bedürfnisse der Menschen (z. B. Erwerb, soziale Kontakte, Status und Anerkennung oder die Möglichkeit zur Verwirklichung eigener Ziele).

Im Austausch gegen die erhaltenen Anreize erbringen die Menschen Beiträge für das Unternehmen, beispielsweise geistige und körperliche Leistungen, ein entsprechendes Verhalten nach innen und nach außen sowie finanzielles oder psychisches Engagement. Die individuelle Bewertung der Anreize (Nutzen) und der Beiträge (Kosten) orientiert sich dabei an den konkreten Präferenzen der Menschen. Diese wirken so lange in einem Unternehmen mit, wie für sie die **Anreiz-Beitrags-Bilanz** stimmt. Abbildung 5 zeigt beispielhaft eine solche „Bilanz".

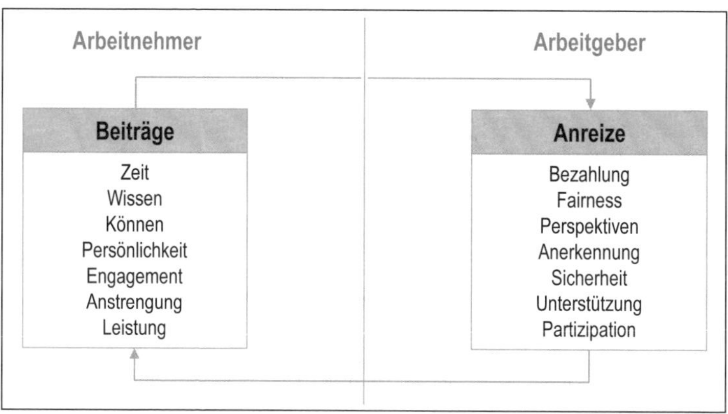

Abbildung 5: Beispiel einer Anreiz-Beitrags-Bilanz

Aus Sicht der Anreiz-Beitrags-Theorie werden die Mitarbeiterinnen und Mitarbeiter also zu ökonomischen Akteuren. Sie engagieren sich dort, wo sie eine bessere Bilanz erwarten können: wenn nicht in der Arbeit, dann in der Freizeit, wenn nicht in der einen Tätigkeit, dann bei einer anderen, wenn nicht in dem Unternehmen, dann bei einem anderen, wenn nicht mit einer Organisation, dann allein.

Sie investieren in Optionen mit besserer Rentabilität, höherer Sicherheit und attraktiverem Umfeld. Bei der Nutzen-Kosten-Abwägung gehen immaterielle Motive ein, wie beispielsweise Spaß, Autonomie, Sinn, Anerkennung und Status, aber auch monetäre Belohnungen. Die Risikobeurteilung wird unter anderem durch die persönliche Handlungsfreiheit, durch die Mobilität am Arbeitsmarkt und durch die Transparenz und Berechenbarkeit vor Ort bestimmt.

„Ökonomisch" heißt also nicht, dass Menschen nur auf Ergebnisse bzw. Anreize aus sind, die von materieller oder finanzieller Natur sind. Sie finden auch die Umstände und Prozesse wertvoll, unter denen die Ergebnisse zustande kommen; und die Ergebnisse können durchaus auch nicht-materieller Art sein, wie Arbeitsstolz, Lob und Anerkennung. Jerry Newman, Professor für Human Resource Management an der State University of New York, der während 14 Monaten „undercover" in sieben amerikanischen Fast-Food-Restaurants für rund 6 Dollar die Stunde arbeitete, berichtet beispielsweise von folgenden Prozessen, die auf die Beschäftigten einen großen Einfluss ausübten, weil sie diese besonders schätzten (Newman, 2009):

- zeitnahes Feedback und Anerkennung für gute Arbeit und bewältigte Aufgaben,
- Stärkung des Selbstwertgefühls, Respekt im persönlichen Umgang und Interesse für die Menschen im Betrieb,
- klare Erwartungen, verlässliche Vorhersagen und keine bösen Überraschungen,
- soziale Netze und freundschaftliche Beziehungen,
- flexible Arbeitszeiten, Qualifizierung und Aufstiegschancen.

Arbeitsbeziehungen sind durch eine Vielfalt an Anreizen und Beiträgen gekennzeichnet, wobei den Anreizen und Beiträgen je nach individuellen Präferenzen unterschiedliche Wertigkeiten zukommen. In dieser Komplexität ist eine juristische Regelung des Austausches von Anreizen und Beiträgen in Form eines Vertrages schwierig. Viele Punkte, Hoffnungen, Ansprüche, Rechte und Normen bleiben offen, implizit und stillschweigend. Sie werden zum Bestandteil des sogenannten **psychologischen Vertrages**. Dieser beschreibt die wechselseitigen Erwartungen zwischen Arbeitgeber und Arbeitnehmer, die über den juristischen Arbeitsvertrag hinausgehen.

Teil

2

Motivation und Arbeitszufriedenheit

Drei Steinmetze werden auf einer Baustelle interviewt und nach ihrer Tätigkeit befragt. Sagt der erste gereizt: „Das sehen Sie doch, ich klopfe Steine!“ Der zweite meint bestimmt: „Ich arbeite für meinen Lohn.“ Und der dritte legt seinen Meissel beiseite, blickt träumend in die Ferne und antwortet: „Ich baue eine Kathedrale.“

Schlüsselbegriffe des zweiten Teils

Individuelle Motivation und Motivationsquellen
Inhalts-, und Prozesstheorien
Bedürfnistheorien – Motive/Bedürfnisse
Zweifaktorentheorie – Motivatoren/Hygienefaktoren
VIE-Theorie, Risikopräferenzen, Prospect Theory
Selbstwertgefühl
Interne und externe Attribution
Gerechtigkeit – distributive, prozedurale, interaktionelle
Formen der Arbeitszufriedenheit
Arbeitszufriedenheit und Leistung
Extrinsische und intrinsische Motivation
Der psychologische Aspekt der Ökonomie

1 Individuelle Handlungslage

Was bewegt die Menschen? Warum entscheiden sich die einen dafür, selbständig zu arbeiten, und andere in ein Unternehmen einzutreten? Und unter welchen Bedingungen engagieren sich die Menschen für ein Projekt und sind bereit, dafür ihre Zeit, ihre Energien und ihre Kompetenzen einzubringen?

1.1 Die Macht der Situation

Wer Veranstaltungen des Amateur- und Breitensports beobachtet oder selbst aktiv an ihnen teilnimmt, ist beeindruckt von der Leistungsorientierung der Sportlerinnen und Sportler. Diese Menschen lieben es offensichtlich, aktiv zu sein, sie haben Spaß an Anstrengungen, sie setzen gerne ihre Potenziale ein, sie wollen sich selbst bestätigen und sie suchen den Wettbewerb – zumindest im Sport. Wie aber verhält es sich bei der Arbeit in Unternehmen, in öffentlichen Organisationen und bei betrieblichen Projekten? Sport und Arbeit sind zum Teil ähnlich. Zum Erfolg brauchen beide Übung und beide können durch Erfolgserlebnisse beflügelnd wirken. Sie unterscheiden sich aber auch.

In Sportsituationen sind die Ziele in der Regel klar, die Ergebnisse sind bewertbar und auf einzelne Mannschaften oder Akteure, mit denen die Fans sich identifizieren, zurechenbar. Der zeitliche Rahmen ist begrenzt, die Regeln sind bekannt und im Falle von Ermessensspielräumen gibt es Wertungs- und Schiedsrichter. Die Lage ist spielerisch, die Informationsumgebung ist stabil und die Risiken sind berechenbar. Im Zentrum stehen körperliche Anstrengungen. Sie bestimmen den Respekt und die Anerkennung durch andere. Sportart und Leistungsniveau können frei gewählt werden. Sie sollen weder zu schwierig, noch zu leicht sein und die Möglichkeit bieten, dass sich der Sportler beziehungsweise die Sportlerin als Person präsentieren und Erfolg haben kann.

In Arbeitssituationen hingegen sind die Ziele nicht immer eindeutig und klar und die Ergebnisse sind – wenn sie einem komplexen Zusammenspiel von Personen, Ressourcen und Opportunitäten entspringen – oft nur schwierig auf einzelne Akteure zurechenbar. Der zeitliche Rahmen ist unbegrenzt oder überlappend und variabel und es gibt offizielle und inoffizielle Regeln, für deren Einhaltung es aber nicht wie im Sport Wertungs- oder Schiedsrichter gibt. Die Lage ist nicht mehr wie ein Spiel: Es geht um Erwerbsarbeit, Lebensunterhalt und -chancen. Die Informationsumgebung ist unruhig und die Zukunft ist nicht immer vorhersehbar und berechenbar. Immer mehr stehen geistige Anstrengungen und mentale Belastungen im Vordergrund. Persönliche Anstrengungen führen nicht zwangsläufig zu sozialer Anerkennung. Orientieren sich die Aktivitäten des Amateursportlers selbstbestimmt und frei an seinen eigenen Interessen, so sind die Angehörigen eines Unternehmens größtenteils fremdbestimmt.

Vergleicht man Sport und Arbeit, so stellt man fest, dass sich die gleichen Personen beim Sport und in der Arbeit anders verhalten. Die Menschen sind dabei aber nicht irrational, sondern es sind die Umstände, die ein anderes Verhalten provozieren. Ist die Spielzeit im Sport beschränkt und werden die Menschen dafür bewundert, lieben sie es, sich zu verausgaben. Werden sie hingegen kaum beachtet und ist die Arbeitszeit lang, vergeht die Lust zur Verausgabung. An ihre Stelle tritt Dienst nach Vorschrift. Wo Konformität herrscht, folgt Gehorsam, wo Sicherheit fehlt, sind die Menschen misstrauisch und wenn die Chefin oder der Chef immer Recht hat, ist es nicht motivierend, wenn man seine eigenen Ideen und Überlegungen einbringt. **Externe Bedingungen**, wie die zeitlichen, sozialen und politischen Restriktionen, die Regeln und Normen, die Gebote und Verbote, die Möglichkeit über finanzielle, informationelle und technische Mittel zu verfügen, Handlungsspielräume mit günstigen und riskanten Optionen, Belohnungen und Bestrafungen sowie Anreize und Kosten, beeinflussen das individuelle Verhalten.

Die Auffassung, wonach das menschliche Verhalten durch äußere Anreize und nicht durch innere Beweggründe bestimmt ist, entspricht der **Sicht der klassischen Ökonomie**. In dieser Perspektive sind es die äußeren Bedingungen, welche die Menschen (ver)führen und (ver)leiten, nicht deren innere Antriebe. Demnach sind die Menschen nicht von Natur aus gierig, sondern die Bonussysteme verführen sie dazu und eigentlich sind Menschen leistungswillig, aber sture Arbeitsorganisationen bremsen ihre Initiativen. Philip Zimbardo von der Stanford University zeigte mit seinem **„Stanford Gefängnis Experiment“**, das zum Film „Das Experiment“ inspirierte, wie sich ursprünglich anständige und rechtschaffene Menschen in kriminelle Täterinnen und Täter verwandeln und Straftaten der Wirtschaft bis zum organisierten Verbrechen begehen. Wie muss eine Situation sein, damit sie zu solchen Taten verleitet? Zimbardo (2008) zählt dazu die folgenden Eigenschaften auf: Konformitätsdruck und Folgsamkeit, Gruppennormen, Anonymität, Reduktion von Menschen auf Nummern und die Möglichkeit, sich als Täter zu verstecken.

Wenn sich Menschen nach den äußeren Umständen, Normen und Regeln ausrichten, dann tun sie das nicht allein aus reiner Gewohnheit oder weil sie dazu instinktiv programmiert sind, sondern weil es für sie gewisse Vorteile hat. Im Hawthorne-Experiment (vgl. erstes Kapitel „Fokus und Ansätze“, 3.2) waren die Menschen motiviert, weil man ihnen Aufmerksamkeit schenkte, und Aufmerksamkeit zu haben, verleiht ein gutes Gefühl. Und Taylor glaubte, die Arbeiter mit höheren Entgelten motivieren zu können. Das führt zur Frage, was es ist, das dazu führt, dass Menschen etwas als vorteilig oder als attraktiv einschätzen.

1.2 Persönliche Voraussetzungen

Menschen gefällt, was ihren Neigungen und Eignungen entspricht. Sie ziehen vor, woran sie Interesse und Freude empfinden und was ihren Werten und Wünschen entspricht. Sie tun aber auch das gerne, was sie gut können, denn Menschen wollen sich bestätigen und haben Freude, wenn etwas gelingt. Neben den situativen Bedingungen sind es also auch **persönliche Faktoren**, wie individuelle Präferenzen und Kompetenzen, Fähigkeiten, Gewohnheiten, Überzeugungen, Motive, Emotionen, Triebe, Intelligenz, Wissen, Wollen und Können, welche sich auf das Verhalten von Menschen auswirken.

Damit zeigen sich zwei Kategorien von Faktoren, die das menschliche Verhalten bestimmen: einerseits Faktoren, die in den Menschen selbst begründet liegen, sogenannte Faktoren der **Person**, und andererseits Faktoren, die im Umfeld der Menschen zu suchen sind, sogenannte Faktoren der **Situation**. Jede Kriminalgeschichte bewegt sich zwischen diesen beiden Faktorenbündeln:

hat der mögliche Täter ein Motiv (Faktor der Person) und/oder verfügt er über ein Alibi (Faktor der Situation)? Das menschliche Verhalten ist also, wie in Abbildung 6 dargestellt, ein Resultat sowohl der Person, als auch der Situation. Es ist eine Funktion der individuellen Präferenzen, von persönlichen Kompetenzen, den gegebenen Möglichkeiten und von relevanten Normen.

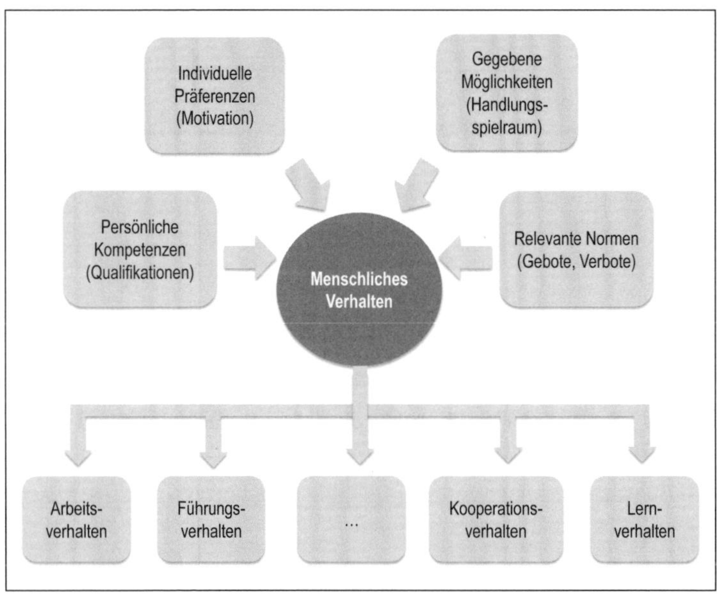

Abbildung 6: Einflussfaktoren auf das menschliche Verhalten

1.3 Motivation

Motivation ist ein klassisches Konzept der Psychologie. Anders als die Ökonomie fokussiert die Psychologie nicht auf die äußeren Bedingungen, sondern auf die inneren Beweggründe. Motivation bedeutet das Gleiche wie Bereitschaft, Wille oder Volition. Motivationstheorien versuchen die Bedingungen, Inhalte und Prozesse der Entstehung und die Richtung zielorientierten menschlichen Verhaltens zu beschreiben und zu erklären. Sie sollen helfen, menschliches Verhalten in Betrieben (das Arbeits-, Lern-,

Führungs- oder Kooperationsverhalten) besser zu verstehen. Bedürfnisse und Erwartungen geben zum Beispiel Antwort auf die Frage, was Menschen als attraktiv empfinden, was sie anspricht oder was sie als Risiko und Belastung empfinden. Damit lassen sich Strukturen, Prozesse und Instrumente der Beschäftigung, Entwicklung, Arbeitsgestaltung, Belohnung und Führung besser gestalten.

Motivationstheorien ermöglichen auch, Motivationsbarrieren zu erkennen. Diese führen zu Unzufriedenheit, zu Frustration und zu einem schlechten Klima. Sie blockieren Leistungs- und Entwicklungspotenziale und lenken Energien in falsche Richtungen. Rolf Wunderer (2003) ermittelte bei den Teilnehmenden von Nachdiplomstudien der Hochschule St. Gallen zum Beispiel die folgenden Demotivatoren:

- nicht herausfordernder, wenig sinnhafter Arbeitsinhalt,
- zu wenig Entwicklungschancen,
- fehlende Leistungs- und/oder marktgerechte Honorierung,
- unbefriedigendes Feedback, unfaire Kritik,
- unklare, überlappende, überlagernde Verantwortungen,
- fehlende Identifikation,
- fehlende Balance zwischen Arbeit und Freizeit, Beeinträchtigung des Familienlebens,
- Gefährdung der physischen und psychischen Gesundheit.

Gerade bei strategischen Veränderungen von Unternehmen schlagen motivationspsychologische Wirkungen besonders zu. Viele Widerstände im Change Management lassen sich motivationstheoretisch erklären: Trägheit durch momentane Zufriedenheit, Misstrauen, Skepsis und fehlender Glaube an den Erfolg, Furcht vor ökonomischen Nachteilen, persönliche Ängste wegen Risiken und möglichen Misserfolgen, Verlust von Status, Macht und Selbstwert, moralische Konflikte und Identitätskrisen.

2 Motivationsquellen

Es gibt verschiedene Motivationstheorien. **Inhaltstheorien** der Motivation fokussieren das „Was" beziehungsweise die Motive, Bedürfnisse oder individuellen Valenzen, die ein Verhalten auslösen und steuern. **Prozesstheorien** befassen sich mit den Dynamiken und Prozessen motivierten Verhaltens beziehungsweise damit, „wie" dieses zielorientierte Verhalten zustande kommt. Dazu gehören die persönlichen Erwartungen, das eigene Selbstvertrauen und das subjektive Gerechtigkeitsempfinden.

2.1 Individuelle Valenzen

Stellenausschreibungen im Außendienst klingen oft wie folgt:

Lieben Sie es, selbstständig zu arbeiten?

Sind Ihnen persönliche Kontakte zu Ihren Kunden wichtig?

Reisen Sie gerne?

Macht es Ihnen Freude, gefordert und gefördert zu werden?

Wollen Sie weiterkommen?

Im Text wird an bestimmte Bedürfnisse appelliert. Offenbar soll damit die Motivation ausgelöst werden, sich für die offene Stelle zu bewerben. **Bedürfnisse** oder **Motive** sind Gegenstand von Inhaltstheorien der Motivation. Bedürfnis und Motiv bedeuten dabei das Gleiche. Je mehr etwas einem Bedürfnis entspricht, desto nützlicher wird es bewertet, desto höher ist seine **Valenz**.

Eine Wegmarke im Bereich der Inhaltstheorien zur Motivation bildet das **Bedürfnisschichtenkonzept von Abraham Maslow** (1954), das graphisch oft als sogenannte **Bedürfnispyramide** dargestellt wird. Ausgangspunkt ist die Annahme, dass der Mensch ein Mängelwesen ist. Bedürfnisse sind subjektive Mangelempfindungen, die man sich als hierarchische Folge von Stufen oder Schichten vorzustellen hat, wobei mit zunehmender Sättigung der einen eine wachsende Aktivierung der nächsten Stufe oder Schicht einhergeht.

Auf der tiefsten Stufe stehen **physiologische Bedürfnisse**, die der Körperlichkeit des Menschen entspringen, dann folgen **Sicherheits- und Schutzbedürfnisse, soziale Bedürfnisse** nach Liebe und Zugehörigkeit, **Bedürfnisse der Wertschätzung** im Sinne der äußeren Reputation und der inneren Selbstachtung und zuoberst folgen schlussendlich die Bedürfnisse sich **selbst zu verwirklichen**, sich zu entfalten und die eigenen Talente, Fähigkeiten und Möglichkeiten zu nutzen. Die Motive der zuletzt genannten Kategorie unterliegen nicht der Sättigung (bzw. einem abnehmenden Grenznutzen). Im Gegensatz zu den anderen Bedürfnissen sind sie also keine sogenannten **Defizitbedürfnisse**, die mit der zunehmenden Bedürfnisbefriedigung schwinden. Für Selbstverwirklichungsbedürfnisse gilt, was umgangssprachlich in „der Appetit kommt beim Essen“ zum Ausdruck kommt. Man nennt sie deshalb **Wachstumsbedürfnisse**, ihr Grenznutzen nimmt mit der Bedürfnisbefriedigung zu.

Die Theorie von Abraham Maslow konnte empirisch nicht bestätigt werden. Sie zielte auch nicht auf den Kontext von Unternehmen ab. Auch die Kategorisierung der Bedürfnisse ist nicht eindeutig und verschiedene Bedürfnisschichten müssen nicht zwingend nacheinander aktiv werden, sie können es auch nebeneinander sein: Hunger, ein physiologisches Bedürfnis, hat man immer wieder. Trotzdem gewann die Theorie von Maslow große Popularität, weil sie in der Lebenswelt vieler Menschen plausibel erschien. Sie gab ein Gerüst, um Bedürfnisse, Werte, Gefühle und Emotionen zu ordnen – mit der „Selbstverwirklichung“ als sympathischen, offenen, humanistischen, normativen Referenzpunkt. Abstrakte Bedürfnis- und Nutzenkonzepte der Ökonomie konnten jetzt mit vorstellbaren Inhalten gefüllt werden. Neben der Bedürfnispyramide von Abraham Maslow gibt es aber auch andere, empirisch orientierte Inhaltstheorien, etwa von

- Clayton Alderfer (1973), der eine komprimierte Version der Maslow'schen Bedürfnisse empirisch zu validieren suchte und dabei Existenz-, Beziehungs- und Wachstumsbedürfnisse unterschied, oder
- David McClelland (1961), der davon ausging, dass es drei Motive gibt, die wirtschaftlich relevant und Haupttreiber des

menschlichen Verhaltens sind: Leistung, Macht und sozialer Anschluss, oder

- Edward Deci & Richard Ryan (1985), die voraussetzen, dass alle Menschen die folgenden drei Bedürfnisse haben: Kompetenzerleben, Autonomie und soziale Eingebundenheit, oder
- Klaus Grawe (2000), der vier menschliche Grundbedürfnisse postuliert: das Bedürfnis nach Orientierung und Kontrolle, das Bedürfnis nach Lustgewinn und Unlustvermeidung, das Bindungsbedürfnis und das Bedürfnis nach Selbstwerterhöhung, oder
- Steven Reiss (2004), der auf der Basis psychometrischer Forschungen gar 16 grundlegende Motive nennt: Macht, Unabhängigkeit, Neugier, Anerkennung, Ordnung, Sparen, Ehre, Idealismus, Beziehungen, Familie, Status, Rache, Romantik, Ernährung, körperliche Aktivität und Ruhe.

Motive beziehungsweise Bedürfnisse bringen zum Ausdruck, was Menschen als attraktiv, nützlich und/oder sinnvoll empfinden und erachten. Sie können sich individuell und kulturell unterscheiden, sich im Zeitablauf verändern, sich wechselseitig ergänzen und verstärken oder in Konkurrenz zueinander stehen (**Motivkonflikt**). Beschäftigte mit Familien haben andere Bedürfnisse als solche ohne Familie, Idealisten haben andere Motive als Karrieristen, und wer eben erst entlassen worden ist, für den bekommt Sicherheit ein anderes Gewicht als zu Zeiten der Festanstellung. Von besonderer Bedeutung sind diejenigen Bedürfnisse, die nicht der Sättigung unterliegen. Abraham Maslow nannte sie, wie bereits erwähnt, Wachstumsmotive oder -bedürfnisse. Dazu gehören alle Motive, die mit dem Ausnutzen und Wachsen der eigenen Kompetenzen, mit der Entfaltung des Selbst und mit der Suche seiner Erfüllung und die mit den Möglichkeiten der Entwicklung und Verwirklichung eines individuellen Lebensentwurfs zu tun haben.

Frederick Herzberg (1968) entwickelte die Motivationstheorie von Abraham Maslow weiter und konkretisierte sie. Wie Maslow begriff er Motivation als einen Prozess der Befriedigung von Bedürfnissen, aber anders als Abraham Maslow forschte Herzberg empirisch, wobei er sich weniger für die Motive interessierte, sondern dafür, welche Anreize wie motivieren. Herzberg war Forschungsleiter des Psychological Service of Pittsburgh, weshalb seine Forschungen auch unter dem Namen **„Pittsburgh-Studien“** bekannt wurden. Auf der Suche nach der Antwort auf die Frage, was Menschen bei der Arbeit in Betrieben antreibt, fragte er sie: „Denken Sie an einen Zeitpunkt, an dem Sie sich bei Ihrer Arbeit außerordentlich gut oder außerordentlich schlecht fühlten, entweder bei Ihrer gegenwärtigen Arbeit oder bei irgendeiner anderen, die Sie einmal ausübten. Dabei kann es sich entweder um eine „langfristige“ oder um eine „kurzfristige“ Situation handeln. Erzählen Sie mir bitte, was geschah.“ Die Ergebnisse sind in Abbildung 7 dargestellt.

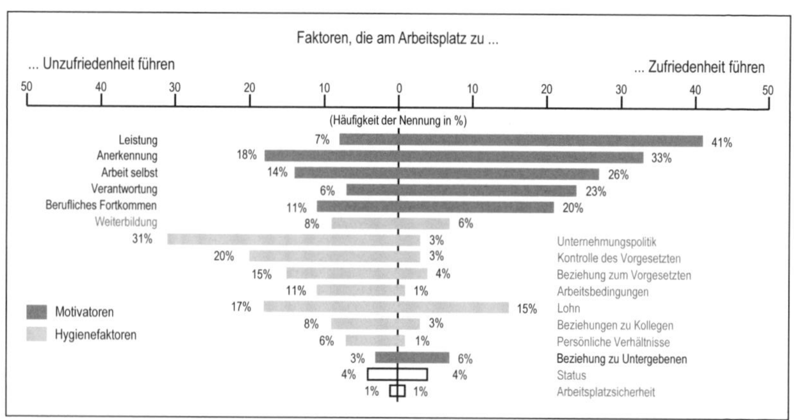

Abbildung 7: Motivatoren und Hygienefaktoren (Herzberg, 1968, S. 57)

Vergleicht man die Lage der verschiedenen Balken in Abbildung 7, so können zwei Typen von Faktoren unterschieden werden: solche die eher zur Zufriedenheit führen und solche, die eher mit Unzufriedenheit in Verbindung stehen. Herzberg nannte die Faktoren, die zu Zufriedenheit führen, Motivatoren (Zufriedenheitsmacher, Satisfiers) und die Faktoren, die zu Unzufriedenheit führen, Hygienefaktoren (Unzufriedenheitsmacher, Dissatisfiers). Das Gegenteil von Zufriedenheit ist hierbei das Fehlen von Zufriedenheit und nicht die Unzufriedenheit. Es sind also unterschiedliche Faktoren, die Zufriedenheit und

Unzufriedenheit bewirken. Die Theorie von Frederick Herzberg wird deshalb auch **Zweifaktorentheorie der Arbeits(un)zufriedenheit** genannt.

Motivatoren entspringen Aspekten, die unmittelbar mit der Arbeit verknüpft sind und werden daher auch Kontentfaktoren genannt. Beispiele hierfür sind: die erbrachte Leistung, der Arbeitsinhalt, die Anerkennung, das Übertragen von Verantwortung, mögliche Entwicklung und beruflicher Aufstieg. Die **Hygienefaktoren**, oder auch Kontextfaktoren, hingegen kommen vom Standpunkt der eigentlichen Arbeit aus betrachtet eher von außen: die Unternehmenspolitik, die Personalführung, die zwischenmenschlichen Beziehungen zu Vorgesetzten und Kollegen, der Status, die Arbeitsplatzsicherheit und die äußeren Arbeitsbedingungen. Die Motivatoren werden deshalb auch Kontentfaktoren genannt, die Hygienefaktoren auch Kontextfaktoren.

An der Forschungsmethode von Herzberg mag man kritisch einwenden, dass bei einer Befragung von Menschen ihr Ego sie dazu bringen kann, Unangenehmes eher Faktoren, die als Hygienefaktoren bekannt wurden, zuzuschreiben und das was man selbst (mit Erfolg) getan hat, eher auf sich selbst beziehungsweise auf Faktoren, die als Motivatoren bezeichnet wurden, zu beziehen. Auch fällt auf, dass die menschlichen Beziehungen inklusive der Führung und der Organisation in Gruppen, deren Bedeutung die Hawthorne-Experimente aufgezeigt haben, bei Herzberg nicht mehr als Motivatoren, sondern nur noch als Hygienefaktoren erscheinen.

Trotzdem ergeben sich aus den Überlegungen von Abraham Maslow und Frederick Herzberg einige interessante Konsequenzen für das Human Resource Management:

- Sie zeigen, dass die Attraktivität von personalpolitischen Maßnahmen nicht in diesen selbst begründet liegt, sondern in den Motivstrukturen derjenigen, die von den Maßnahmen betroffen sind. Motivierend ist, was der Bedürfnisbefriedigung dient.
- In den Motivstrukturen der Beschäftigten spielen zumindest in den Bedingungen des industrialisierten Westens Anerkennungs-, Selbstachtungs-, Entwicklungs- und Verwirklichungsmotive eine wichtige Rolle. Inhaltlich interessante Arbeits-

plätze, Feedbacks und Organisations- und Führungskonzepte mit Qualifizierungsmaßnahmen, welche Selbstständigkeit und Verantwortung ermöglichen, schaffen günstige Voraussetzungen für Motivation und Zufriedenheit.

- Der Lohn hat für die Motivation eine diffuse Bedeutung. Eigentlich spielt er für die Erwerbsarbeit eine entscheidende Rolle. In der Denkwelt von Maslow aber ist der Lohn kein Motiv, sondern ein Mittel, das sich zur Befriedigung eines beliebigen Motivs einsetzen lässt. Der individuelle Wert des Lohnes bemisst sich also danach, welche individuellen Motive sich damit in welchem Umfang erfüllen lassen. In der Theorie von Herzberg kommt zum Ausdruck, dass der Lohn sowohl ein Motivator sein kann aber auch ein Faktor, der Unzufriedenheit stiftet.
- „Motivation“ hat ein Komplement: die **„Demotivation“**. Sie kann eintreten, weil im Sinne von Abraham Maslow aktivierte Bedürfnisse mangelhaft befriedigt werden und/oder im Sinne von Frederick Herzberg, weil die Bedingungen vor Ort Unzufriedenheit stiften. „Motivieren“ kann damit zwei alternative Qualitäten annehmen: Entweder man schafft günstige Voraussetzungen zur Verbesserung der Bedürfnisbefriedigung oder man baut Unzufriedenheitsstifter ab.

2.2 Persönliche Erwartungen

Wie motiviert man Menschen? Gemäß den Prinzipien von Frederick W. Taylor würde man sagen: „Gib den Menschen Geld!“. Gemäß den Erkenntnisse der Forscher in den Werken der Western Electric der AT&T in Hawthorne würde man empfehlen: „Gib den Menschen Aufmerksamkeit!“, und gemäß den Theorien von Abraham Maslow und Frederick Herzberg würde man raten: „Gib den Menschen Verantwortung!“ Wenn das stimmt, dann müsste sich eine Person „im siebten Arbeits-Himmel“ fühlen, wenn sie nach 10 Jahren Fließbandarbeit in ein autonomes Produktionsteam mit variablen Löhnen, flexiblen Zeiten und leistungsorientierten Entwicklungsperspektiven versetzt wird! Wird sie es? Vielleicht wird sie froh sein, dem rigiden System eines Fließbandes entfliehen zu können. Allenfalls quälen sie aber auch Unsicherheiten wie: Beherrsche ich die Tätigkeiten in der neuen Arbeitsorganisation? Werde ich am neuen Ort gleich gut sein wie am alten? Wie muss ich mit den neuen Kolleginnen und Kollegen zusammenarbeiten, was habe ich zu sagen? Was bedeutet „Mehrarbeit“, „Prämie“, „tiefer Fixlohn“? Womit kann ich rechnen, was habe ich unter Kontrolle und wer/was gibt mir Sicherheit?

Es sind also ihre subjektiven Erwartungen, Abwägungen, Kalkulationen und Einschätzungen, die darüber bestimmen, ob die Person die neue Arbeitsorganisation attraktiv beurteilt oder nicht. Eine neue Arbeitsorganisation mag die Entwicklungs- und Selbstbestimmungsbedürfnisse der Menschen besser erfüllen als die alte. Wenn die Menschen dabei aber befürchten müssen, dass sie den neuen Anforderungen nicht gerecht werden können, werden sie sich gegen die neue Organisation stellen. Eine neue Organisation der Arbeitszeit mag mit vielen Freiräumen und Flexibilität verbunden sein. Wenn die Menschen dann erkennen, dass sie nach der Einführung vielleicht nicht mehr mit den gleichen Leuten zusammenarbeiten können, mit denen man sich gut verstand, sind sie dagegen. Umgekehrt mag ein variables Lohnsystem unberechenbar und wenig transparent sein. Wenn aber andere Feedbacksysteme fehlen und wenn mit dem variablen Lohnsystem die Menschen endlich eine – wenn auch nur monetäre – Rückkoppelung zu ihrer Leistung erhalten, finden sie das Lohnsystem trotzdem in Ordnung. Es sind also die **Erwartungen** bezogen auf die eigenen Bedürfnisse, die darüber entscheiden, ob etwas als nützlich oder vorteilig oder als schädlich oder nachteilig gewertet wird.

Erwartungstheorien gehören zu den **Prozesstheorien** der Motivation. Bei den Erwartungstheorien wird von der Vorstellung ausgegangen, dass Menschen ihre Handlungsoptionen nach Nutzen und **Erfolgswahrscheinlichkeit** beurteilen. Was **Nutzen** heisst, wird durch die individuellen Motive und Bedürfnisse bestimmt. **Victor Vroom** (1964), der eine erste stark beachtete Variante der Erwartungswerttheorie formulierte, spricht an Stelle von 'Nutzen' von Valenz. Für die Beurteilung der Erfolgswahrscheinlichkeit sind **zwei Typen von Erwartungen** entscheidend:

- **Erreichbarkeit:** Die **Einschätzung des persönlichen Vermögens**, die anvisierten Ziele, Resultate oder Maßnahmen auch tatsächlich durch eigenes Verhalten und Leistung erreichen oder erfüllen zu können. Wichtige Faktoren dafür sind zum Beispiel das Selbstvertrauen, die Ausbildung und Erfahrung, günstige organisatorische Voraussetzungen und/oder eine positive Grundhaltung.

- **Instrumentalität:** Die **angenommene Wahrscheinlichkeit, mit welcher die erreichten Ziele, Resultate oder Maßnahmen belohnt oder bestraft** werden. Victor Vroom (1964) nennt dies „Instrumentalität" und meint damit den Zusammenhang zwischen den erreichten Zielen, Resultaten oder Maßnahmen einerseits und den valenten Belohnungen andererseits. Diese Sanktionierung wird vor allem durch das Vorgesetztenverhalten und durch organisatorische Normen, Pläne und Regeln beeinflusst.

Wenn man also von der sogenannten **VIE-Theorie** der Motivation von Victor Vroom spricht, so meint man damit, dass es drei Faktoren sind, welche die Motivation bestimmen: der Nutzen beziehungsweise die **Valenz, die Instrumentalität und die Erreichbarkeit**. Motiviertes Handeln in diesem Sinne ist das Ergebnis eines (ökonomischen) **Kalküls** „Nutzen mal Erfolgswahrscheinlichkeit mal Belohnungswahrscheinlichkeit". Dies ist das Denken und Handeln des Homo Oeconomicus. John W. Atkinson einerseits und Daniel Kahneman und Amos Tversky andererseits entwickelten diese rationale Erwartungstheorie in zwei Richtungen.

Atkinson (1964) fokussiert **persönliche Risikopräferenzen** und konzentriert sich dabei auf individuelle **(Miss-)Erfolgsmotive**. Er geht von folgenden Thesen aus:

- Jede Arbeitsaufgabe hat ein Spektrum spezifischer (Miss-)Erfolgspotenziale, das heißt die Menschen entwickeln Erwartungen darüber, mit welcher Wahrscheinlichkeit eine Aufgabe glückt beziehungsweise misslingt.
- Menschen hoffen auf Erfolg. Wenn sie erfolgreich sind, gibt ihnen dies ein gutes Gefühl (z. B. Stolz). Umgekehrt fürchten sie Misserfolg (z. B. weil sie sich dann schämen).
- Zwischen der Hoffnung auf Erfolg und der Furcht vor Misserfolg haben verschiedene Menschen eigene, unterschiedliche

Tendenzen. Wer sich primär vor Misserfolg fürchtet, wird seine Energien vor allem darauf verwenden, Misserfolg zu vermeiden. Wenn diese Misserfolgsvermeider die Wahl haben, werden sie ganz einfache Aufgaben wählen, um den Misserfolg zu minimieren, oder ganz schwierige, weil dann die Ursache für den Misserfolg offensichtlich nicht bei ihnen liegt. Erfolgssucher hingegen wählen Aufgaben mit mittlerem Schwierigkeitsgrad. Das gibt ihnen am meisten Erfolgsgefühle.

Je nach persönlicher Risikopräferenz werden in dieser Sicht Anspruchsniveaus unterschiedlich definiert und „Erfolge" subjektiv anders interpretiert. Menschen mit ausgeprägten Erfolgsmotiven haben Freude am Erfolg und streben ihn an, indem sie Herausforderungen mit Erfolgspotenzial suchen, wohingegen Menschen, die Misserfolge vermeiden wollen, aus Furcht vor Scham Herausforderungen ausweichen. Dieses unterschiedliche „Ticken" der Menschen in der Wahl von Anspruchsniveaus von Arbeitsaufgaben hat Konsequenzen für die Personalauswahl, für die Führung, für die Zielvereinbarung und für die Karriereplanung.

Kahneman und Tversky (1979) erweitern unter der Bezeichnung **„Prospect Theory"** die Erwartungstheorie mit für den Homo Oeconomicus **irrationalen Vorlieben**. Auslöser bilden die Befunde der experimentellen Wirtschaftsforschung, die zeigen, dass sich die Welt nicht wie ein Dia oder wie ein Film im Kopf der Menschen abbildet, wo sie durch einen emotionslosen Computer verarbeitet wird, sondern dass die menschlichen Wahrnehmungs- und Verarbeitungsprogramme aus evolutionspsychologischen Gründen besonders „verdrahtet" sind. Die zentralen Erkenntnisse der Prospect Theory sind:

- Gewinne und Verluste werden nicht absolut wahrgenommen, sondern relativ zu einem **Referenzpunkt**. Beispiel: der Wert eines Bonus von 1.000 Euro ist nicht für alle gleich: Ein Top-Manager mit einem Millionengehalt beurteilt den Wert dieses Bonus geringer als ein Studierender, der einem Nebenjob nachgeht. Der Wert des Bonus ist somit abhängig vom aktuellen Einkommen. Dieses ist der Referenzpunkt.
- Verluste werden, wie in Abbildung 8 dargestellt, stärker gewichtet als Gewinne: Ein Verlust schmerzt mehr, als ein gleich

hoher Gewinn Freude macht. Oder in anderen Worten, der Schmerz aus einem Verlust von 1.000 Euro ist größer als die Freude aus einem Gewinn von 1.000 Euro. Menschen sind **verlustavers**. Beispiel: kleine Kürzungen bei Löhnen und Gehältern wiegen schwerer als eine gleich hohe Anhebung der Löhne und Gehälter.

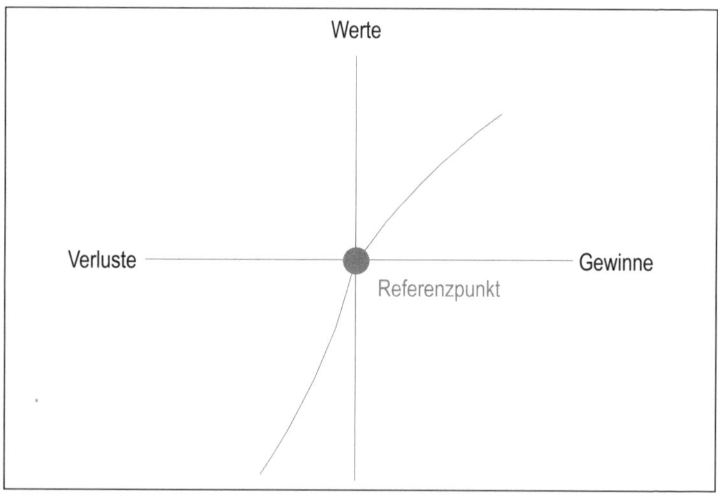

Abbildung 8: Wertefunktion (Kahneman & Tversky, 1979, S. 279)

Diese und weitere Befunde zeigen, dass das menschliche Verhalten in der Realität keineswegs so rational ist, wie es die Annahmen des Homo Oeconomicus zugrunde legen. Zum Beispiel

- sind Entscheidungen davon abhängig, wie ein Problem dargestellt wird: liegt ein Gewinn- oder ein Verlustszenario zugrunde? Menschen bevorzugen beispielsweise einen Gewinn von 900 CHF gegenüber einem Gewinn von 1.000 CHF und gleichzeitigen Abzügen von 100 CHF.
- erhöht der **Besitz** eines Gutes dessen Wert (Besitztumseffekt).
- haben Menschen die Tendenz, am Status quo zu „kleben".

„Expectation-Management" im Sinne der Erwartungstheorien der Motivation heisst für das Human Resource Management demnach unter anderem:

- sich neben den persönlichen Bedürfnissen auch an den individuellen Erwartungen, Einschätzungen und Wahrscheinlichkeitsannahmen auszurichten;
- die Zuversicht der Menschen in den eigenen Erfolg durch Schaffung günstiger Leistungsvoraussetzungen zu fördern (zum Beispiel durch entsprechende Personalauswahl, Ausbildung, Arbeitsorganisation, Ressourcen, Begleitung und Unterstützung);
- Erwartungssicherheit durch berechenbare Leistungsbedingungen und durch klare, realistische und wenn möglich messbare Leistungsziele und -resultate zu schaffen und diese mit subjektiv wertvollen Belohnungen zu koppeln;
- den Menschen ein Ownership-Feeling, das heißt Verantwortlichkeitsgefühl, für ihre Arbeit und für ihre Projekte zu vermitteln.

2.3 Eigenes Selbstvertrauen

Erfolgsmotivierte Personen suchen den Grund für ihre (Miss-) Erfolge überwiegend bei sich: „Mein Erfolg ist das Ergebnis meines Könnens“, „Ich habe mich angestrengt“, „Mein Misserfolg hat nichts mit der Schwierigkeit der Aufgabe zu tun“, „Hätte ich mich mehr angestrengt, hätte ich es geschafft“. Misserfolgsvermeidende Menschen tendieren dazu, (Miss-)Erfolge über äußere Bedingungen zu erklären: „Glück gehabt!“, „Das war ja wirklich leicht!“, „Ich habe sofort gewusst, dass ich das nicht kann!“. Die beiden Personengruppen schreiben die Ursachen für ihre (Miss-) Erfolge anderen Quellen zu. Die einen attribuieren intern (Person), die anderen extern (Situation) (Weiner 1979).

Menschen mit einer Tendenz zur **internen Attribution** sehen die Beweggründe ihres Verhaltens primär bei sich. Sie sind innengeleitet. Demgegenüber sind **extern Attribuierende** außengeleitet. Sie sind nicht Beweger ihrer Welt, sondern Bewegte. Ihr sogenannter **„Locus of Control“** ist extern, nicht intern. In der Psychologie spricht man von sogenannten Kontrollüberzeugungen (Rotter 1996). Innengeleitete sind überzeugt, dass man eine Fremdsprache durch Übung verbessern kann, dass der Erfolg in der Schule davon abhängt wie stark man büffelt und dass man im Beruf gut vorankommt, wenn man hart arbeitet. Diesen gegenüber sind Außengeleitete davon überzeugt, dass das Lernen von Sprachen Veranlagungssache ist, dass die Noten vom Lehrer und von der Prüfung abhängen und dass man es im Beruf dann zu etwas bringt, wenn der Vorgesetzte einen mag.

Offensichtlich haben Innen- und Außengeleitete nicht nur andere Attributionsstile, sondern in ihnen kommt auch ein anderes Selbstwertgefühl zum Ausdruck, sie bewegen sich auf einem anderen Energieniveau und ihr Leistungsverhalten ist anders konfiguriert. Innengeleitete Personen sind eher aktiv und autonom, wohingegen die Außengeleiteten eher reaktiv, heteronom und allenfalls sogar hilflos sind. Das hat Konsequenzen für das Human Resource Management:

- Bei der Personal- und Kaderauswahl an der Eintrittspforte zum Unternehmen oder für bestimmte Laufbahnkorridore geht es darum, Kandidatinnen und Kandidaten nach ihrem Selbstwertgefühl zu „sortieren". Ein zu geringes Selbstvertrauen kann dazu führen, dass man sich zu wenig zutraut, Potenziale nicht ausreichend nutzt und Entwicklungschancen nicht wahrnimmt. Tiefe Anspruchsniveaus, hoher Führungsbedarf und Verschwendung von Humanressourcen sind die Folge. Ein zu großes Selbstvertrauen kann umgekehrt zu Selbstüberschätzung, Arroganz und unrealistischen Zielen führen.
- Bei der Personalentwicklung und -beurteilung geht es beispielsweise darum, Feedbacksysteme so aufzubauen, dass Außengeleitete internes Attribuieren lernen, dass sie ein Gefühl von Kompetenz entwickeln, dass sie erfahren, dass sie ihre Welt selbst verändern können und dass sie in der Führung nicht als Folge, sondern als Ursache wahrgenommen werden.

2.4 Subjektives Gerechtigkeitsempfinden

Menschen haben eine Abneigung gegen Ungleichheit. Nicht die absolute Höhe des Einkommens ist entscheidend, mindestens ebenso wichtig ist die relative Höhe bezogen auf eine Vergleichsgruppe. In einer Studie unter dem Titel „Social Comparison in the Workplace: Evidence from a Field Experiment" (Cohn et al., 2011) organisierte eine Forschergruppe um Ernst Fehr von der Universität Zürich Verkaufsveranstaltungen in Zweierteams, welche mit einem Stundenlohn von 12 Euro arbeiteten. In der zweiten Phase wurde die Bezahlung verändert. In einigen Teams verdienten beide Verkäufer nur noch 9 Euro, in anderen erfolgte die Lohnkürzung nur für einen der beiden Verkäufer und in der dritten Gruppe wurde der Lohn unverändert belassen. Ergebnis: In Teams wo der Stundenlohn bei beiden Verkäufern sank, reduzierte sich die Verkaufsleistung um 15 %. Wenn hingegen der Lohn nur für ein Teammitglied gekürzt wurde, reduzierte sich dessen Leistung um 34 %. Die ungleiche Behandlung führte zu einem Gefühl der Benachteiligung, die mit einer überproportionalen Reduktion der Leistung „gerächt" wurde.

Theoretisch wies bereits 1965 J. Stacey Adams auf die Problematik der relativen Benachteiligung (oder Überprivilegierung) hin. Demnach vergleichen Personen ihr eigenes Verhältnis von Ertrag (Outcomes bzw. Entschädigungen) und Aufwand (Inputs bzw. Beiträgen) mit denen von Bezugspersonen oder -gruppen. Entstehen dabei Gefühle der Benachteiligung („Das ist nicht fair!"), dann werden diese inneren Spannungen beseitigt, indem die Personen

- ihren Aufwand reduzieren,
- einen höheren Ertrag einfordern oder erschwindeln,
- ihre Wahrnehmung verändern,
- die Bezugsperson/-gruppe wechseln, oder
- die Organisation verlassen.

Wenn sich Menschen unfair behandelt fühlen, werden sie sich also weniger anstrengen, nach Schleichwegen suchen um zu ihrem „Recht" zu kommen, sie werden sich weniger mit dem Unternehmen identifizieren, keine Extrameile mehr gehen, innerlich kündigen und die Firma wechseln. Ungerechtigkeit ist also teuer.

(Organisationale) Gerechtigkeit hat verschiedene Dimensionen. Mit **Verteilungsgerechtigkeit (distributive Fairness)** wird das bezeichnet, was Stacy Adams und Ernst Fehr fokussieren: die Bewertung des eigenen Aufwandes und Ertrages verglichen mit dem von Referenzpersonen/-gruppen. Dabei handelt es sich um ein Verteilungsergebnis. Bei der **Verfahrensgerechtigkeit** geht es um Verfahren, Prozesse und Regeln, die zu einer Verteilung führen. Menschen finden solche Prozeduren vor allem dann fair, wenn sie die Möglichkeiten haben, den eigenen Standpunkt zu artikulieren und wenn die Verfahren unparteilich, konsistent, akkurat, bei Bedarf korrigierbar und moralisch integer sind. Die **interaktionelle Gerechtigkeit** (bzw. Fairness) bezieht sich auf die Umgangsformen und das Informationsverhalten. Für die Motivation von Menschen in Unternehmen sind demnach – neben ihren Bedürfnissen, Erwartungen und Selbstwertgefühlen – wichtig:

- Transparenz von Kriterien und Prozessen der Auswahl, Beurteilung, Beförderung und Belohnung,
- Entwicklung, Kommunikation und Durchsetzung von Regeln, die den Bedingungen prozeduraler Fairness genügen,
- Gleichbehandlung und faire Umgangsformen untereinander.

3 Arbeitszufriedenheit

Motivierte Mitarbeiterinnen und Mitarbeiter sind nicht nur glücklicher, sie sind auch engagierter, ihre Kunden sind zufriedener und sie verbreiten eine gute Stimmung. Zufriedene haben weniger Fehlzeiten, sie wechseln seltener den Betrieb und sie arbeiten mehr. Sie sind offensichtlich produktiver. „Glückliche Kühe geben mehr Milch!" sagt der Volksmund. Motivation und Zufriedenheit in der Arbeit sind also ökonomisch und psychologisch, aber auch moralisch und politisch von Interesse. Entsprechend häufig werden Umfragen zur Arbeitszufriedenheit durchgeführt.

3.1 Formen

Bei Erhebungen geben in der Regel 70 bis 80 % der Antwortenden an, dass sie mit ihrer Arbeit zufrieden sind. Diese positiven Globalaussagen täuschen allerdings darüber hinweg, dass die Arbeitszufriedenheit ganz unterschiedlich zustande kommt und deshalb ganz verschiedene Bedeutungen haben kann. Agnes Bruggemann (1974) entwickelte gemäß Abbildung 9 ein Modell, das diesem Umstand Rechnung trägt.

Abbildung 9: Formen der Arbeitszufriedenheit (Bruggemann, 1974, S. 283)

Je nach individuellem Vergleich zwischen den eigenen Bedürfnissen und Erwartungen, der Wahrnehmung ihrer Erfüllung und der Entwicklung des eigenen Anspruchsniveaus unterscheidet sie verschiedene Formen der Arbeits(un)zufriedenheit:

- **Progressive Arbeitszufriedenheit:** „Ich bin mit meiner Arbeit wirklich zufrieden, gerade auch, weil ich es dabei noch weiter bringen kann."
- **Stabilisierte Arbeitszufriedenheit:** „Ich bin mit meiner Arbeit wirklich zufrieden und wünsche mir, dass für die nächste Zukunft alles so gut bleibt."
- **Resignative Arbeitszufriedenheit:** „Ich bin mit meiner Arbeit zufrieden – ich sage mir, es könnte viel schlimmer sein."
- **Pseudo-Arbeitszufriedenheit:** „Ich rede mir ein, mit meiner Arbeit zufrieden zu sein."
- **Konstruktive Arbeitsunzufriedenheit:** „Ich bin mit meiner Arbeit nicht zufrieden, weil mich wichtige Punkte ärgern. Ich glaube aber, dass sich in Zukunft einige Punkte ändern."
- **Fixierte Arbeitsunzufriedenheit:** „Ich bin mit meiner Arbeit nicht zufrieden, aber ich weiss auch nicht, was ich tun soll."

Das bedeutet für das Management, dass globale Äußerungen zur Arbeitszufriedenheit interpretationsbedürftig sind. Es gibt verschiedene Qualitäten von Arbeits(un)zufriedenheit. Zudem wird mit pauschalen Zufriedenheitszahlen auch nichts darüber ausgesagt, weshalb und bezogen auf welche Aspekte des HRM die Menschen im Betrieb (un)zufrieden sind. Offen ist auch, welche Motivationstheorie man den Interpretationen zugrunde legt. Trotzdem sind Erhebungen zur Arbeitszufriedenheit weit verbreitet.

3.2 Diagnostik

Es gibt zwei **Vorgehensweisen um die Arbeitszufriedenheit mittels Fragebogen zu erfassen**: entweder man nimmt einen standardisierten Fragebogen oder man entwickelt einen eigenen. Konstruiert man einen eigenen Fragebogen mit selbst gewählten Fragen oder Items, so ermöglicht dies, maßgeschneidert diejenigen Punkte abzufragen, die im Moment als wichtig beurteilt werden, beispielsweise spezifische Facetten der Arbeit oder darüber hinausgehende Aspekte zur Führung und Organisation. Die mangelnde Validierung und Standardisierung erschweren aber die Aussagekraft und den Vergleich mit anderen Untersuchungen.

Der „Arbeits-Beschreibungsbogen" (ABB) von Oswald Neuberger und Mechthild Allerbeck (1978) ist ein Beispiel eines hochstrukturierten, empirisch validierten Fragebogens. Mit 81 Items wird auf anreiztheoretischer Grundlage die Zufriedenheit mit den folgenden Aspekten der Arbeitssituation erfasst: Kollegen, Vorgesetzte(r), Tätigkeit, Arbeitsbedingungen, Organisation und Leitung, Entwicklung, Bezahlung und Arbeitsplatzsicherheit.

Aus zahlreichen Untersuchungen zur Arbeitszufriedenheit lassen sich unter anderem die folgenden praktischen Konsequenzen ableiten (Grote/Staffelbach 2009, Frey/Frey 2010):

- Die Mehrheit der Menschen ist in ihrer beruflichen Tätigkeit zufrieden.
- Dies ist besonders dann der Fall, wenn die Mitarbeiterinnen und Mitarbeiter an ihrem Arbeitsplatz genügend Selbstbestimmung und Autonomie und interessante und vielfältige Aufgaben haben (Kontentfaktoren, intrinsische Merkmale der Arbeit).

- Die Anerkennung der geleisteten Arbeit durch die Vorgesetzten und generell ein gutes Betriebsklima spielen eine wichtige Rolle (Kontextfaktoren).
- Menschen möchten Perspektiven für die eigene Entwicklung. Deshalb spielt auch die Sicherheit des Arbeitsplatzes eine wichtige Rolle.

Erhebungen zur Arbeitszufriedenheit sind komplexe Führungsinstrumente. Arbeitszufriedenheit hat verschiedene Ursachen, unterschiedliche Qualitäten, sie ist interpretationsbedürftig. Dabei ist vor allem bei Schlussfolgerungen bezogen auf die individuelle Leistung Vorsicht geboten.

- Arbeitszufriedenheit ist ein Indikator für die Motivation. Eine hohe Leistung ist aber nicht nur von der Motivation abhängig. Dazu braucht es auch eine entsprechende Qualifikation und gute Leistungsbedingungen, wie die nötigen Entscheidungsspielräume und Arbeitsmaterialien. Umgekehrt kann eine zu hohe Motivation auch leistungsmindernd sein, zum Beispiel dann, wenn infolge Übermotivation durch Nervosität und Ängstlichkeit die Leistung sinkt.
- Geben glückliche Kühe immer mehr Milch? Führt eine hohe Arbeitszufriedenheit immer zu hoher Leistung? Dieser Zusammenhang ist nicht eindeutig. Auch ein Faulenzer ist zufrieden, tut aber nichts. Es ist möglich, dass eine hohe Zufriedenheit zu hoher Leistung führt. Es ist aber auch möglich, dass eine hohe Leistung zu hoher Zufriedenheit führt (z. B. bei leistungsorientierten Menschen), dass Leistung und Zufriedenheit durch einen dritten Faktor erklärt werden (z. B. zwischenmenschliche Beziehungen), oder dass hohe Leistungen auch bei tiefer Arbeitszufriedenheit erfolgen (z. B. bei Repression).

Arbeitszufriedenheit ist deshalb kein Kriterium, das für eine Zielvereinbarung geeignet wäre. Dazu ist es zu bedeutungsoffen und zu vielen Einflüssen ausgesetzt.

4 Motivationsforschung

Warum strengt sich ein erfolgreicher Sportler auf einmal nicht mehr an? Dazu lassen sich verschiedene Hypothesen entwickeln.

Vielleicht ist er erschöpft oder er empfindet keine Freude mehr an seinem Sport (Personenfaktoren). Oder er strengt sich deshalb nicht mehr an, weil erwartete Belohnungen ausbleiben, weil er besseren Konkurrenten den Vortritt lassen muss oder weil er keine Einladungen zu Wettkämpfen mehr erhält (Situationsfaktoren). Menschliches Verhalten ist das Ergebnis eines komplexen Zusammenspiels von Situations- und Personenfaktoren, von äußeren Bedingungen und Anreizen und von inneren Beweggründen. Je nachdem, ob man die Motivationskräfte eher in den äußeren Bedingungen lokalisiert oder bei den inneren Beweggründen, spricht man von **extrinsischer Motivation** oder von **intrinsischer Motivation**.

4.1 Extrinsische und intrinsische Motivation

Extrinsisch meint „exogen“ oder „von außen her angeregt“. Als extrinsisch motiviert bezeichnet man ein Verhalten, das erfolgt, weil äußere Anreize wie Geld oder Auszeichnungen den Ausschlag geben. Mit der extrinsischen Motivation ist eine instrumentelle Bedürfnisbefriedigung verbunden: Die äußeren Anreize sind Mittel zum Zweck der Erfüllung bestimmter Motive oder Bedürfnisse. Geld ist ein Mittel für viele Zwecke. Deswegen kommt ihm ein besonderer Wert zu. Auszeichnungen sind extrinsische Anreize zwecks sozialer Anerkennung.

Intrinsisch meint demgegenüber „endogen“ oder „von innen her kommend“. Bei der intrinsischen Motivation führt das Verhalten zu einer unmittelbaren Bedürfnisbefriedigung. Das kann zum Beispiel sein, weil man an seiner Arbeit Freude hat und in ihr aufgeht, oder wenn man Normen um ihrer selbst Willen einhält.

Wie in Abbildung 10 graphisch zum Ausdruck kommt, ist ein bestimmtes Verhalten in der Regel sowohl extrinsisch als auch intrinsisch motiviert. Je nachdem ist die Gewichtung „intrinsisch“ – „extrinsisch“ unterschiedlich. Bei der Freiwilligenarbeit ist der Anteil der intrinsischen Motivation größer. Um Leute für unangenehme Arbeiten zu gewinnen, braucht es mehr extrinsische Anreize.

Extrinsische Motivierung und intrinsische Motivation können aber nicht einfach aufsummiert werden. Sie sind nicht unab-

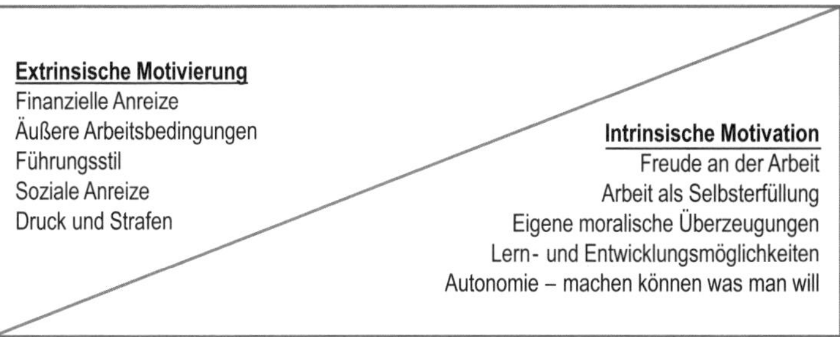

Abbildung 10: Extrinsische und intrinsische Motivation (in Anlehnung an Ulich, 1985)

hängig voneinander, sondern beeinflussen sich wechselseitig. Mit extrinsischer Motivierung kann die intrinsische Motivation unterstützt werden, zum Beispiel wenn Auszeichnungen in Freiwilligenorganisationen zu höherer Leistung anspornen. Extrinsische Anreize können die intrinsische Motivation aber auch verdrängen (Frey & Osterloh, 2000). Das ist zum Beispiel dann der Fall, wenn die Einführung von Leistungslöhnen dazu führt, dass die Menschen Leistungen, die sie vorher gerne freiwillig erbracht haben, nur noch im Gegenzug für den Leistungsbonus erbringen.

Die Unterscheidung zwischen intrinsischer und extrinsischer Motivation ist nicht immer eindeutig. Sie hängt auch davon ab, ob man eine Situation mehr aus Beobachteroptik betrachtet oder vom Standpunkt der Lebenswelt der Betroffenen aus. So gelten Anerkennung und Status eigentlich als extrinsische Anreize, für den Narziss sind sie aber von intrinsischer Bedeutung. Auch Geld ist extrinsisch, für Dagobert Duck in Entenhausen aber ist es hingegen intrinsisch.

4.2 Ökonomie und Psychologie

In der Erforschung der Motivation haben sich die **Psychologie und die Ökonomie** auf verschiedene Aspekte spezialisiert. Die Psychologie erklärt das menschliche Verhalten mit Personenfaktoren. Um diese zu erkennen, gibt es verschiedene Möglichkeiten. Eine erste besteht darin, die Menschen direkt zu befragen. Das kann günstig sein, ist aber insofern problematisch, als dass den

Menschen nicht alle Gründe ihres Verhaltens bewusst sind. Und auch wenn die Menschen ihre Gründe kennen sollten, wollen und/oder können sie diese Gründe nicht immer so benennen, wie sie tatsächlich sind. Vielleicht sind sie ihnen peinlich oder es fehlen ihnen die präzisen Worte dazu. Umgekehrt zählen sie allenfalls bestimmte Gründe besonders gerne auf, die sie sympathisch finden oder von denen sie sich sonst einen Nutzen versprechen, wenn sie sie nennen. Psychologinnen und Psychologen weichen deshalb auf projektive Verfahren aus und/oder sie leiten sie aus dem (realen oder experimentellen) Verhalten der Menschen ab.

Die Forschungsstrategie der Ökonomik ist komplementär. Sie erklärt das menschliche Verhalten mit den Anreizen der Situation, in der die Menschen zwischen den Vor- und Nachteilen der ihnen zur Verfügung stehenden Handlungsmöglichkeiten abwägen. Im Zentrum der ökonomischen Forschung geht es also um Alternativen („Zeitlohn oder Stücklohn?", „Individualprämie oder Gruppenprämie?") und um die Bewertung derer Vor- und Nachteile.

In der **psychologischen Ökonomik** werden die psychologischen Aspekte des individuellen Verhaltens in ökonomisch relevanten Situationen erforscht. Forschende in diesem Gebiet stellten beispielsweise fest, dass Anreizsysteme von den Betroffenen anders wahrgenommen werden als von denjenigen, die sie konstruiert haben. Die Betroffenen reagieren als Konsequenz nicht so, wie es sich die Konstrukteure des Anreizsystems vorgestellt haben. Akkordlöhne müssen also beispielsweise nicht zwingend dazu führen, dass die Menschen ihre Anstrengungen und damit ihre Entlohnung erhöhen. Vielleicht bleibt ihr Leistungsniveau gleich oder sinkt sogar. Gründe dafür können sein, dass die betroffenen Beschäftigten einen schwächeren Kollegen in ihrer Gruppe schützen wollen, erwarten, dass die Leistungsanforderungen steigen, wenn sie sich mehr anstrengen, oder befürchten, dass es mit einer höheren Produktivität zu Entlassungen kommt. Es ist also nicht nur die Situation mit ihren Anreizen allein, die darüber bestimmt, wie sich die Menschen verhalten. Es kommt immer auch auf die Personen mit ihren inneren Beweggründen an.

Teil 3

Arbeitsgestaltung und -bewertung

Modern Times © Roy Export SAS. Scan Courtesy Cineteca di Bologna

„Wenn einem Produkt mehr Wissen als Hardware zugrunde liegen soll, dann muss die Organisation dahinter mehr Hirn als Maschine sein.“

Lars Kolind, CEO Otico

Arbeit bestimmt mit, ob unser Leben gelingt oder nicht. Ob im Betrieb, selbständig erwerbend oder zu Hause: Es gibt Arbeitsaufgaben, die sind mehr oder weniger motivierend und es gibt Arbeitsaufgaben, die sind mehr oder weniger belastend. In der Arbeit schlummern also verschiedene Potenziale: ein Motivationspotenzial und ein Belastungspotenzial. Um diese Potenziale geht es in der Folge. Das erste Kapitel dieses Teils trägt den Titel „Arbeitsgestaltung“. Hier geht es um die Frage, wie Arbeitstätigkeiten organisiert werden können, damit diese möglichst motivierend sind. Je besser ein Betrieb in diesem Bereich agiert, desto produktiver sind seine Beschäftigten. Das heißt, bei sonst gleichen Kosten leisten die Führungskräfte, Mitarbeiterinnen und Mitarbeiter freiwillig mehr und sind engagierter, glücklicher und gesünder. Das zweite Kapitel ist mit „Arbeitsbewertung“ betitelt. Hier geht es um die Ermittlung der Arbeitsbelastung. Im Zentrum steht die Absicht, diese Belastung fair zu entschädigen. Verletzt ein Unternehmen das Gerechtigkeitsempfinden der Beschäftigten, so führt dies zu Leistungsverlusten, Imageschäden und Gerichtskosten. Die intelligenteste Unternehmensstrategie nützt nichts, wenn die Menschen ihr nicht folgen, weil sie sich unfair behandelt fühlen.

Schlüsselbegriffe des dritten Teils

Arbeitsteilung und Spezialisierung
Tätigkeitsspielraum
Planungs-, Organisations- und Kontrollspielraum
Motivationspotenzial der Arbeit
Formen der Arbeitsgestaltung
Arbeitssicherheit
Anforderungsprofil
Lohngerechtigkeit
Arbeitswert
Arbeitsbewertungsverfahren
Lohnkurve
Diskriminierung

1 Arbeitsgestaltung

Unser Wohlstand basiert zu einem wesentlichen Teil auf einem organisatorischen Prinzip: der **Arbeitsteilung**. Sie und die mit ihr einhergehende Spezialisierung führen zu Produktivitätsgewinnen. Statt dass alle alles machen, teilt man die Arbeit auf verschiedene Arbeitsplätze, Abteilungen und Unternehmen auf. Dieses Prinzip beschrieb Adam Smith (1776) im ersten Kapitel seines Buches vom Wohlstand der Nationen am Beispiel der Stecknadelproduktion. Ein einzelner Arbeiter allein könnte pro Tag nur ein paar Stecknadeln herstellen. Organisieren sich aber 10 Arbeiter in einer spezialisierten Manufaktur, sind sie in der Lage, zusammen täglich 48.000 Stecknadeln beziehungsweise 4.800 Stecknadeln pro Arbeiter zu produzieren.

1.1 Modern Times

Im Taylorismus kommt die innerbetriebliche **Arbeitsteilung** industriell zum Ausdruck. Dabei dominieren zwei Denk- und Handlungsmuster:

- Die **Spezialisierung**: Wie in Abbildung 11 dargestellt, erfolgt sie sowohl in der vertikalen, wie auch in der horizontalen Dimension der Unternehmensorganisation. **Vertikal** wird nach Führen und Ausführen, nach Denken und Tun, nach Kopf und Hand separiert und spezialisiert. „Die dort oben" denken, planen und führen – und „die unten in der Hierarchie" werken und führen aus. Auch **horizontal** werden die Arbeiten in einzelne Ausführungsschritte zerlegt. Weil die Ausführenden dann wiederholend immer wieder das Gleiche tun, führen die kleinen Aufgabenausschnitte zu Übungsgewinnen und zu kurzen Anlernzeiten. Dies ermöglicht, dass auch wenig qualifizierte Arbeiter rasch in die Arbeitsorganisation integriert werden können.

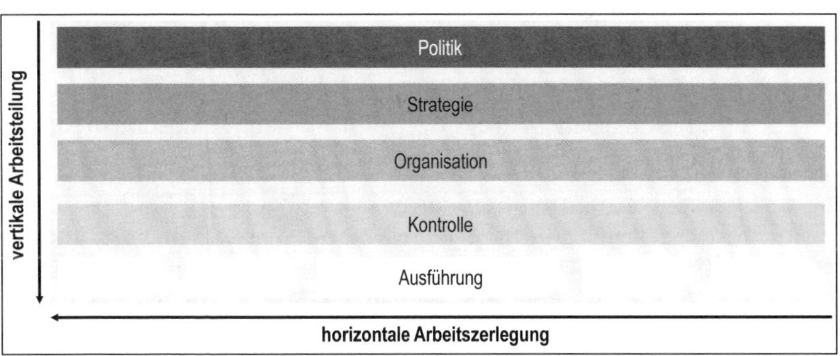

Abbildung 11: Horizontale und vertikale Spezialisierung (Lattmann, 1983, S. 2)

- Die **Standardisierung durch Automatisierung**.

Historisch sind diese tayloristischen Denk- und Handlungsmuster (vgl. erstes Kapitel „Fokus und Ansätze", 3.1) in der industriellen Fabrikation und Montage entstanden. Heute findet man sie aber auch in Dienstleistungsunternehmen. Im Organisationsrapport einer Schweizer Bank steht beispielsweise: „In der Abteilung für Zahlungsverkehr mit Schweizerfranken werden sämtliche Ein- und Auszahlungen verbucht. Die eingehenden Belege werden zuerst von der Arbeitsvorbereitung bearbeitet. Dann werden sie von Datentypistinnen in den Computer eingegeben. Eine dritte Abteilung kontrolliert. Eine einzelne Datentypistin tippt rund 15.000 Belege pro Tag ein. Die Zykluszeit liegt zwischen einer und zwei Sekunden." Auch Fast-Food-Restaurants sind tayloristisch organisiert (Newman, 2009) und in vielen Call-Centern „grüßt Mister Taylor per Telefon", wie es Computerworld in einer Schlagzeile formulierte:

- die ACD-Anlage („automatic call distribution", das elektronische „Fließband") weist die Anrufe den Mitarbeitern und Mitarbeiterinnen zu (die sogenannten „Agents"), die nicht gerade in einem Gespräch sind;
- die „Agents" sind auf bestimmte Kommunikationen (z. B. Auftragsannahme, Marktforschung) oder Kunden spezialisiert;
- die Telefonate sind getaktet und die Telefonanlage überprüft die „lost calls" und die Wartezeiten;
- zur Qualitätskontrolle hören Vorgesetzte unangemeldet Gespräche mit;
- die Arbeit ist repetitiv, die Handlungsspielräume sind gering und die Arbeitsbedingungen einseitig (am Bildschirm sitzen, zuhören, sprechen).

Spezialisierung und Standardisierung haben große Produktivitätspotenziale. Über lange Zeit standen vor allem ihre ökonomischen Vorteile im Zentrum der Diskussion von Wissenschaft und Praxis. Wie im Film „Modern Times" von Charlie Chaplin aber eindrücklich zum Ausdruck kommt, sind die Effekte der Arbeitsteilung zweischneidig.

Ab einem bestimmten Punkt ist der **(Grenz-)Nutzen der Arbeitsteilung** abnehmend. Dann wird Arbeitsteilung ökonomisch nutzlos und psychologisch sinnlos.

Ökonomisch nutzlos wird die Arbeitsteilung dann, wenn ihre Kosten größer werden als ihre Vorteile. Die horizontale Arbeitszerlegung einerseits, die Trennung von Führung und Ausführung und von Kopf- und Handarbeit andererseits und der Zerfall des Unternehmens in einzelne Spezialisten-Inseln erhöhen die Koordinationskosten. Einseitige, repetitive und langweilige Arbeiten führen zu hohen Motivations- und Bindungskosten. Die Spezialisierung beziehungsweise die Einengung auf kleine, repetitive Arbeitsschritte mit kurzen Taktzeiten bedeutet einen Verlust an Überblick, Polyvalenz, Flexibilität und Lernvermögen. Ein Spezialist lernt sozusagen von immer weniger immer mehr, bis er von praktisch nichts mehr alles weiß. Standardisierung bedeutet Programmierung. Ein Programm ist ein vorgedachter Lösungsalgorithmus. Ein System läuft nach einem Programm. Den Preis der Standardisierung bezahlt man, wenn die reale Problemlage und die vorgedachte Lösung nicht mehr zusammenpassen, nämlich dann zum Beispiel, wenn ein System auf einmal nach einem anderen Programm laufen sollte und/oder wenn verschiedene Teilsysteme nach unterschiedlichen Programmen rufen.

Psychologisch sinnlos wird die Arbeitsteilung, wenn die eintönige Arbeit zu physischen und psychischen Gesundheitsstörungen führt, wenn sie das individuelle Lernen verkümmern lässt und wenn die Menschen sich von ihrer Arbeit entfremden, weil sie sich macht- und bedeutungslos fühlen, weil sie keinen Bezug zur eigenen Leistung haben und weil sie keinen Stolz über das eigene Tun entwickeln können.

Wie ist Arbeit zu gestalten, damit sie von den Menschen als motivierend empfunden wird und diese mit ihrer Arbeit nicht nur zufrieden sind, sondern sich auch engagieren und sich „ins Zeug legen"?

1.2 Merkmale motivierender Arbeitsgestaltung

Die **Organisation der Arbeit** beinhaltet verschiedene Aspekte: die Arbeitsaufgaben und Arbeitsinhalte (Arbeitstätigkeiten, Aktivitäten), die Arbeitsmittel, die Arbeitsumgebung, die Arbeitsbefugnisse, die Arbeitsbeziehungen und die Arbeitsorte und -zeiten. **Unter welchen Voraussetzungen kann die Arbeitsorganisation intrinsische Motivation auslösen**?

Aus motivations- beziehungsweise bedürfnistheoretischer Sicht kann man argumentieren, dass eine Arbeitsorganisation dann besonders motivierend ist, wenn sie eine optimale Erfüllung der Bedürfnisse der arbeitenden Menschen ermöglicht. Diese Sicht liegt der **Theorie von Edward L. Deci und Richard M. Ryan**

(1985) zugrunde. Sie gehen davon aus, dass die Erfüllung der folgenden Bedürfnisse intrinsische Motivation auslöst:

- Selbstbestimmung beziehungsweise Autonomie;
- die Möglichkeit sich selbst als kompetent zu erleben;
- menschliche Nähe beziehungsweise soziale Eingebundenheit.

Obwohl die Befriedigung dieser Bedürfnisse einen entscheidenden Faktor in der individuellen Motivation darstellt, beantwortet sie aber nicht die Frage, welches die konkreten **arbeitsorganisatorischen Voraussetzungen** sind, die dazu führen, dass Menschen in ihrer Arbeit motiviert sind. **Mihaly Csikszentmihyalyi** (1975) beobachtete bei verschiedenen menschlichen Tätigkeiten (Schach spielen, bergsteigen, tanzen, operieren in der Chirurgie), welches die Voraussetzungen sind, die dazu führen, dass Menschen in dieser Tätigkeit aufgehen („Flow“ erleben, sich voll auf die Tätigkeit konzentrieren und dabei sich, die Zeit und das Drumherum vergessen):

- klare Ziele: es ist eindeutig, was getan werden muss;
- unmittelbares Feedback: man ist über die Qualität der Tätigkeit auf dem Laufenden;
- die Herausforderungen entsprechen den Fähigkeiten: der Handlungsspielraum ist vielfältig und liegt im eigenen Fähigkeitsbereich;
- Kontrollgefühl: mögliche Risiken sind erkennbar und damit zu bewältigen.

Konzentriert man sich spezifisch auf die organisatorischen Bedingungen, so könnte man – ausgehend von den Erkenntnissen von **Frederick Herzberg** (1968), wonach der Inhalt der Arbeit eine wichtige Motivationsquelle ist – die ökonomisch nutzlosen und psychologisch sinnlosen Arbeitsvereinfachungen des Taylorismus so rückgängig machen oder umgestalten, dass die **Spielräume der Beschäftigten (wieder) vergrößert** werden, indem man zum Beispiel

- die horizontale Arbeitszerlegung reduziert (Erweiterung des Tätigkeitsspielraumes) und/oder
- die vertikale Separierung von Planen und Machen, von Führung und Ausführung, von Denken und Tun reduziert (Ver-

größerung des individuellen Planungs-, Organisations- und Kontrollspielraumes).

Das **Job-Characteristics-Modell** von Richard Hackman und Greg Oldham (1976) nimmt das Konzept des Handlungsspielraumes auf und erweitert dieses. Es ist ein Modell, das spezifische, theoretische und empirisch überprüfbare Aussagen über die motivationalen Ressourcen der Arbeitsgestaltung macht. Hackman und Oldham beschreiben, welche Charakteristiken der Arbeitsgestaltung zu welchem intrinsischen Motivationspotenzial führen. Dabei treffen sie Annahmen über die Wirkung der Arbeitsbedingungen auf psychologische Erlebniszustände. Letztere beeinflussen wieder verschiedene psychische und organisatorische Output-Variablen. Wie in Abbildung 12 dargestellt ist, wird die Organisation des Arbeitsplatzes in **fünf Merkmalen** operationalisiert, die im Modell die Funktion von Prädiktorvariablen des intrinsischen Motivationspotenzials einnehmen. Sie lauten:

- **Anforderungsvielfalt**; sie beinhaltet das Ausmaß an unterschiedlichem Wissen und Können, das in der Arbeit verlangt wird;
- **Ganzheitlichkeit** beziehungsweise ob man die begonnene Arbeit auch selbst zu Ende führen kann;
- **Wichtigkeit** der Arbeit beziehungsweise der eigenen Aufgabe, gemessen am Einfluss auf das Unternehmen oder auf die Arbeit anderer;
- **Autonomie** im Sinne von arbeitsorganisatorischen Freiräumen;
- **Rückmeldung** aus der Aufgabenerfüllung.

Diese Merkmale werden von den Arbeitenden subjektiv wahrgenommen und lösen Erlebniszustände aus, die in den drei Kriterien **„erlebte Bedeutsamkeit der Arbeit“**, **„erlebte Verantwortlichkeit für die Arbeit“** und **„Wissen um die Ergebnisse der Arbeit“** zusammengefasst werden. Diese Erlebniszustände sind schließlich mit den Variablen „Intrinsische Arbeitsmotivation“, „Allgemeine Arbeitszufriedenheit“, „Zufriedenheit mit den Entfaltungsmöglichkeiten“, „Fehlzeiten und Fluktuation“ und „Arbeitsleistung“ verbunden. Auf der Basis ihres Modells entwickelten Richard Hackman & Greg Oldham (1975) den Job

Aufgabenmerkmale	Psychologische Erlebniszustände	Auswirkungen der Arbeit
Anforderungsvielfalt Ganzheitlichkeit der Aufgabe Wichtigkeit der Aufgabe	Erlebte Bedeutsamkeit der eigenen Tätigkeit	Arbeitszufriedenheit Intrinsische Arbeitsmotivation
Autonomie	Erlebte Verantwortung für die Ergebnisse der eigenen Arbeitstätigkeit	Zufriedenheit mit Entfaltungsmöglichkeit Fehlzeiten und Fluktuation
Rückmeldung aus der Arbeitserfüllung	Wissen über die aktuellen Resultate aus der eigenen Arbeit	Arbeitsleistung

Bedürfnis nach persönlicher Entfaltung

Abbildung 12: Das Job-Characteristics-Modell (Hackman & Oldham, 1975)

Diagnostic Survey (JDS). Dieser Fragebogen ermöglicht es, die im Modell verwendeten Variablen vor Ort zu erfassen.

Die fünf Merkmale der Aufgaben- beziehungsweise Arbeitsorganisation lassen sich nach Hackman und Oldham gemäß der folgenden Verrechnungsvorschrift zu einem einzigen **Index des Motivationspotenzials der Arbeitssituation (MPA)** verdichten:

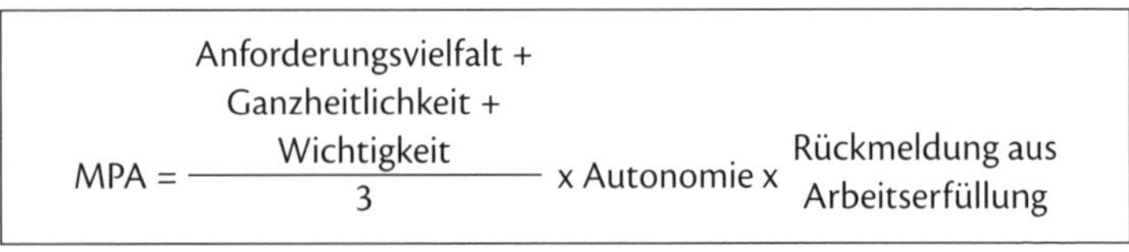

Abbildung 13: Index des Motivationspotenzials der Arbeitssituation (MPA)

Aus dieser Verrechnungsformel wird ersichtlich, dass „Autonomie" und „Rückmeldung" für einen positiven MPA-Wert zwingend sind, da sie multiplikativ in die Formel eingehen. Zwischen „Anforderungsvielfalt", „Ganzheitlichkeit" und „Wichtigkeit" bestehen hingegen kompensatorische Ausgleichsmöglichkeiten, weshalb sie **additiv** verknüpft sind.

Die Formel soll am Beispiel von zwei Arbeitsplätzen illustriert werden: der Projektleitung in einem Beratungsunternehmen und dem Support in der gleichen Firma. Die Projektleitung ist für Kundenprojekte verantwortlich, und wird in ihrer Arbeit von der Supportstelle unterstützt. Die Projekte sind kreativ und bieten viel Abwechslung. Die Projektleiterinnen und -leiter stehen in direktem Kundenkontakt und begleiten das Projekt von der Konzeptionierung über die Erstellung von Angeboten bis zum Abschluss. Ihr Wissen und ihr Können sind für den Erfolg entscheidend. Sie sind sehr unabhängig, können für die einzelnen Projektschritte ihre eigenen Ziele setzen und in jeder Phase können sie sich ein Bild davon machen, wie zufrieden die Kunden mit dem Projektverlauf und mit den Ergebnissen in den einzelnen Projektphasen sind. Die Arbeit der Supportstelle hingegen ist langweilig. Dazu gehören der Telefondienst, die Überprüfung von gegebenen Terminen und Daten und das Verbuchen von Zeit- und Aktivitätsrapporten. Worum es im Projekt letztlich geht, ist für den Support nicht erkennbar. Die Arbeit ist so einfach, dass sie von jeder anderen Person nach kurzer Instruktion übernommen werden könnte. Eingehende Telefone und von anderen gesetzte Termine bestimmen den Ablauf. Es gibt wenig Feedbacks, außer bei Fehlern im Zusammenstellen der Rapporte oder wenn die Projektleiterinnen und -leiter etwas nicht finden.

Der MPA-Wert der Projektleitung könnte zum Beispiel so aussehen:

$$MPA_{Projektleiter} = \frac{6 + 6 + 5}{3} \times 5 \times 4{,}5 = 127{,}5$$

Abbildung 14: Motivationspotenzial der Arbeitssituation – Beispiel Projektleitung

Der MPA-Wert der Supportstelle präsentiert sich allenfalls wie folgt:

$$MPA_{Support} = \frac{2 + 1 + 2{,}5}{3} \times 1 \times 2 = 3{,}67$$

Abbildung 15: Motivationspotenzial der Arbeitssituation – Beispiel Support

Bedeutet das nun, dass die Projektleiterinnen und -leiter rund 35mal so motiviert sind wie die Supporter? Nein! Die beiden

Rechenbespiele zeigen lediglich, dass die Arbeit, die Stelle oder der Job der Projektleitung ein sehr viel höheres Motivationspotenzial hat als die Arbeit, die Stelle oder der Job des Supports. Bei sonst gleichen Bedingungen kann man auch annehmen, dass die Inhaber der Arbeitsplätze „Projektleitung" wesentlich motivierter sind als die Inhaber der Supportstellen. Zudem ergeben sich aus den einzelnen Elementen der Formel Hinweise darauf, bezüglich welcher Merkmale die Arbeit der Supportstelle motivierender gemacht werden könnte. Ein hohes Motivationspotenzial von Jobs oder von Stellen allein bewirkt aber nicht notwendigerweise auch eine hohe **intrinsische Motivation** der Stelleninhaber. Ob eine intrinsische Motivation konkret eintritt, ist davon abhängig, wie intensiv die individuellen Wachstumsbedürfnisse sind (dann fühlt man sich von einer Aufgabe mit hohem Motivationspotenzial stärker angesprochen – ein bedürfnistheoretisches Argument) und über welches Wissen und Können die Stelleninhaber verfügen (dann führt eine Aufgabe mit hohem Motivationspotenzial eher zu Erfolgen – ein erwartungstheoretisches Argument).

Der von Hackman & Oldham (1975) auf Basis des Job-Characterics-Modells entwickelte **Job Diagnostic Survey (JDS)** dürfte – gemessen an der Rezeption in der Literatur zu Forschung und Praxis – international eines der bekanntesten Verfahren der psychologischen Arbeitsanalyse sein, aber nicht das Einzige. **Emery & Thorsud** (1982) verwenden die Merkmale Ganzheitlichkeit, Anforderungsvielfalt und Autonomie von Hackman/Oldham und ergänzen sie mit den Merkmalen „Möglichkeit zur sozialen Interaktion" (sogenannter „Interaktionsspielraum") und „Lern- und Entwicklungsmöglichkeiten", und **Ulich** (2011) erweiterte die Liste von Emery & Thorsud mit den Merkmalen „Zeitelastizität und stressfreie Regulierbarkeit" und „Sinnhaftigkeit". Unter „Sinnhaftigkeit" versteht Ulich das Gefühl, an der Erstellung gesellschaftlich nützlicher Leistungen beteiligt zu sein.

1.3 Gestaltungsparameter

In einer Untersuchung bei 28 IT-Unternehmen stellte **Mirko Degener** (2004) einen engen Zusammenhang zwischen ausgewählten Merkmalen der Arbeitsgestaltung einerseits und verschiedenen betriebsökonomischen Erfolgskriterien, dem Krankenstand der Fluktuation, andererseits fest. Ausgewählte Ergebnisse sind in Abbildung 16 dargestellt. Arbeitsgestaltung ist also nicht nur psychologisch, sondern auch **gesundheitlich und ökonomisch relevant**. Schlechte Arbeitsbedingungen haben auf die Gesundheit der Beschäftigten einen größeren Einfluss als fehlende betriebliche Gesundheitsprogramme (vgl. z. B. Kromm & Frank, 2009).

Wie können solche motivierenden Bedingungen der Arbeitsorganisation, die gleichzeitig auch die Gesundheit positiv beeinflussen, **umgesetzt** werden?

Um das motivations- und effizienzsteigernde Potenzial eines Arbeitsplatzes zu erhöhen, können **Arbeitsplätze** entsprechend **umgestaltet** werden. Bekannte motivationssteigernde Arbeitsgestaltungsmaßnahmen sind beispielsweise Job Rotation, Job Enlargement, Job Enrichment und die Bildung von teilautonomen Arbeitsgruppen. Bei der **Job-Rotation** wechseln die Beschäftigten nach einer zu bestimmenden zeitlich-räumlichen Folge die Arbeitsplätze. Je nach Arbeitsinhalten können damit einseitige Belastungen reduziert, die Aufgabenvielfalt erhöht und Lernprozesse in Gang gesetzt werden. Dabei zeichnet sich Job-Rotation vor allem dadurch aus, dass zwischen Arbeitsplätzen rotiert wird, die ungefähr gleiche Anforderungen an das Wissen und Können der Mitarbeitenden haben. Je spezifischer die Qualifikationsanforderungen der Stelle sind und je wichtiger persönliche Beziehungen, Arbeitsrhythmen und -gewohnheiten werden, desto schwieriger wird der Arbeitsplatzwechsel.

Job Enlargement oder **Arbeitsvergrößerung** heißt, dass die horizontale Arbeitszerlegung reduziert und die zersplitterten Spezialistentätigkeiten zu vielfältigeren Aufgaben oder Tätigkeitsbündeln zusammengefasst werden. Ein eindrückliches Beispiel dazu wird aus der Volvo-Fabrik in Uddevalla berichtet (Charron & Freyssenet, 1994, S. 31). Anders als in der „fordistischen" Methode der Fließbandmontage, gemäß welcher Arbeiter und Arbeiterinnen jeweils nur immer dasselbe Teil ans Automobil montiert haben – und dies mit Taktzeiten von einigen Dutzend Sekunden oder wenigen Minuten – wurden hier alle Bestandteile in der

	Gewinn	Umsatz	Wertschöpfung	Eigenkapitalrentabilität	Krankenstand	Fluktuation
Ganzheitlichkeit	.80	.78	.77	.78	-.82	-.82
Qualifikationsanforderungen	.74	.74	.78	.74	-.78	-.76
Qualifizierungspotenzial	.75	.73	.75	.73	-.76	-.75
Aufgabenvielfalt	.77	.78	.80	.77	-.80	-.80
Tätigkeitsspielraum	.73	.73	.77	.74	-.76	-.75
Partizipationsmöglichkeit	.72	.74	.73	.73	-.74	-.75

Abbildung 16: Korrelation zwischen Merkmalen der Aufgaben-/Arbeitsgestaltung und ökonomischen Erfolgsgrößen, Krankenstand und Fluktuation in 28 IT-Unternehmen (Degener, 2004, S. 129) (Alle Korrelationen sind auf dem Niveau von $p < 0.001$ statistisch signifikant)

richtigen Reihenfolge an einen Arbeitsplatz geliefert und so den Arbeitenden ermöglicht, in einer Zykluszeit von 12 Stunden ein Automobil komplett selbst zu montieren.

Anders als bei der Job Rotation und beim Job Enlargement wird beim **Job Enrichment** bzw. bei der **Arbeitsanreicherung** die vertikale Arbeitsteilung im Sinne der Trennung von leitenden und ausführenden Aufgaben reduziert und der Planungs-, Organisations- und Kontrollspielraum und damit die Autonomie der Arbeitsstellen erhöht. In der Fabrikation bedeutet dies zum Beispiel, dass die Arbeitenden nicht mehr nur an den ihnen zugewiesenen Maschinen werken, sondern dass sie auch in die Produktions(fein)planung, in die Organisation von Wartungen und in die Qualitäts- und Termin(fein)kontrolle mit einbezogen sind. Bei Dienstleistungen zeigt sich Job Enrichment zum Beispiel im Aufbau und in der Gestaltung von Kunden- beziehungsweise Nutzerbeziehungen. In der Führung bedeutet Arbeitsanreicherung Delegation von Aufgaben, Befugnissen und entsprechenden Verantwortlichkeiten.

Wenn die Arbeitsvergrößerung und/oder -anreicherung die Möglichkeiten eines Einzelarbeitsplatzes übersteigen, können mehr oder weniger **autonome Gruppen** oder Prozess- beziehungsweise Case-Teams institutionalisiert werden. Dabei sind verschiedene Grade der Selbststeuerung möglich. Idealerweise sind in der Gruppe alle Fähigkeiten, Befugnisse und Mittel gegeben, um die gemeinsame Aufgabe zu erfüllen. In der betriebswirtschaftlichen Praxis sind ganz unterschiedliche Formen von Gruppenarbeit anzutreffen: zum Beispiel teilautonome Arbeitsgruppen („self managed work teams“) in der Produktion, Qualitäts- und Gesundheitszirkel, Planungsgruppen, „Desks“ für bestimmte Kundenanliegen bei Dienstleistungsunternehmen oder Task Forces für spezifische Projekte.

Wegen ihrer motivierenden Wirkung sind diese vier Maßnahmen der Arbeitsgestaltung nicht nur psychologisch, sondern auch ökonomisch interessant, wie die in Abbildung 16 erwähnte Untersuchung bezeugt. Trotzdem bestehen in der betriebswirtschaftlichen Praxis verschiedene **Schwierigkeiten, sie umzusetzen**, insbesondere aus folgenden Gründen:

- Die Arbeitsgestaltung ist kein „stand-alone-Projekt“. Sie beinhaltet die Arbeitsorganisation, aber auch die Organisation der Arbeitszeit und die Arbeitsumgebung. Sie ist in die übergeordneten Strukturen und Prozesse der Unternehmensorganisation eingebettet und wird durch die aktuellen Präferenzen und Kompetenzen der Beschäftigten bestimmt.
- Die Kosten- und Nutzenverläufe von Reorganisationen sind nicht symmetrisch. Reorganisationskosten für die Arbeitsgestaltung fallen sofort an und sie sind in der Regel gut messbar und sie werden von einem Management entschieden, das dafür das Sagen und die Verantwortung hat. Demgegenüber zeigen sich Nutzenwirkungen oft erst später und sie sind schwieriger zu erfassen.
- Die Einführung von neuen Arbeitsformen kann mit Widerständen verbunden sein, wofür beispielsweise folgende Gründe massgeblich sein können:

- Zufriedenheit mit der aktuellen Lage, die zukünftige Alternativen nicht attraktiv erscheinen lässt;
- Misstrauen, weil hinter der Änderung eine versteckte Absicht vermutet wird (wer setzt sich für Produktivitätssteigerungen ein, wenn dadurch die Arbeitsintensität erhöht wird, Leute entlassen werden und die Löhne gleich bleiben?);
- fehlender Glaube an den Erfolg;
- persönliche Angst vor dem Risiko, weil Gewohntes verlassen und Neues gesucht wird und weil dadurch die Wahrscheinlichkeit für individuelle Misserfolge steigt und so allenfalls auch persönliche Schwächen aufgedeckt werden;
- Verlust von Status und Macht;
- Ängste vor Änderungen in den Gruppenstrukturen und -prozessen;
- Identitätskrisen, weil das, was bisher über lange Zeit selbstverständlich war und Sinn machte, nun hinterfragt, kritisiert und verändert wird.

1.4 Arbeitssicherheit

Gemäß der Unfallstatistik vom Bundesamt für Statistik gab es in der Schweiz im Jahr 2014 202.569 Berufsunfälle von Männern und 65.587 Berufsunfälle von Frauen. In Deutschland betrug diese Zahl im Jahr 2013 804.224 (Statistisches Bundesamt, 2015). Weltweit präsentiert sich die Situation noch dramatischer. Jeden Tag ereignen sich 860.000 Arbeitsunfälle mit Verletzungsfolgen. Die Internationale Arbeitsorganisation (ILO, 2014) schätzt zudem, dass jährlich 2,3 Millionen Menschen ihr Leben durch **arbeitsbedingte Krankheiten und Arbeitsunfälle** verlieren. Die weltweiten wirtschaftlichen Folgekosten von Arbeitsunfällen und arbeitsbedingten Erkrankungen schätzt die ILO auf 4 % des globalen Bruttosozialproduktes. Hinzu kommt das persönliche Leid für die Opfer und ihre Angehörigen, das nur schwer in Zahlen ausgedrückt werden kann.

Die Forschung zur Arbeitssicherheit verfolgt zwei Wege: der personenorientierte und der bedingungsorientierte Ansatz. Im Zentrum der **personenorientierten Forschung** zur Arbeitssicherheit steht die Vorstellung, dass Personen aufgrund bestimmter Merkmale mehr oder weniger zu Unfällen prädisponiert sind. Unfälle passieren in dieser Sicht beispielsweise wegen den Unaufmerksamen, den Unkonzentrierten, den Risikofreudigen. Die **bedingungsorientierte Erforschung** der Arbeitssicherheit geht demgegenüber von der Annahme aus, dass sich Unfälle auf inadäquate Arbeitsbedingungen zurückführen lassen. Unfälle aus dieser Optik ereignen sich beispielsweise aufgrund Zeit- und Leistungsdruck oder weil nötige technische und organisatorische Voraussetzungen fehlen. Beide Forschungswege verfolgen das gleiche Ziel: das Entwickeln von **Gestaltungsempfehlungen** zu Strukturen, Prozessen und Instrumenten, um in der Praxis die technischen und organisatorischen Bedingungen einerseits und das Verhalten der Personen andererseits sicherer zu machen. Gemäß der Eidgenössischen Koordinationskommission für Arbeitssicherheit (EKAS) gehören dazu:

- Sicherheitsleitbild mit quantitativen und qualitativen Zielen,
- eine Organisation, welche die sicherheitsbezogenen Aufgaben und Kompetenzen innerhalb des Betriebs regelt,
- Ausbildung, Instruktion und Information, die zu sicherheitsorientiertem Handeln befähigen,
- Sicherheitsregeln, die Leitplanken für das menschliche Handeln setzen,
- Risikobeurteilungen die aufzeigen, wo und wann es gefährlich werden kann,
- Maßnahmen, die Gefahren eliminieren oder reduzieren,
- eine Notfallorganisation die hilft, einen Schaden zu minimieren,
- Partizipation und Mitwirkung der Mitarbeiter und Mitarbeiterinnen bei der Definition von Sicherheitsregeln und -bestimmungen,
- ein Gesundheitsschutz als Voraussetzung für optimale Arbeitsbedingungen und eine betriebliche Gesundheitsförderung zur Vorbeugung betrieblicher Gesundheitsstörungen,
- eine Kontrolle zur Überprüfung, ob die Sicherheitsziele erreicht wurden.

Bei der Umsetzung von Sicherheitsmaßnahmen kann nicht immer auf die **freiwillige Selbstverpflichtung** der Unternehmen abgestützt werden. Denn Maßnahmen zur Erhöhung der Arbeitssicherheit kosten. Deshalb gibt es einen **Zielkonflikt** zwischen tieferen Kosten, höheren Löhnen, tieferen Preisen und sichereren Arbeitsplätzen. Zudem ist es aus individueller Sicht oft schwierig, den direkten Zusammenhang zwischen einem heutigen Verzicht auf Investitionen in die Arbeitssicherheit und einem künftigen Nutzen im Sinne von Unfallvermeidung aufzuzeigen. Das ist ein generelles Problem jeder „Ökonomik der Vorsorge". In der Folge können Arbeitgeber und Arbeitnehmer geneigt sein, auf nötige Maßnahmen im Bereich des Arbeits- und Gesundheitsschutzes zu verzichten und die damit erzielten (kurzfristigen) Einsparungen anderweitig zu nutzen. Deshalb gibt es Gesetze und Verordnungen, welche die Arbeitssicherheit mit strafrechtlichen Konsequenzen erzwingen, zum Beispiel in Deutschland das Arbeitsschutzgesetz (ArbSchG) oder in der Schweiz das Unfallversicherungsgesetz (UVG) und das Arbeitsgesetz (ArG) mit den zugehörigen Verordnungen.

2 Arbeitsbewertung

Geht man von der Annahme aus, dass in einem Unternehmen nicht alle Beschäftigten den gleichen Lohn erhalten, sondern dass die Entgelte individuell differenziert werden, dann stellt sich die Aufgabe, zu bestimmen, nach welchen Kriterien diese Differenzierung erfolgen soll, damit die Verteilung nach menschlichem Gerechtigkeitsempfinden als fair beurteilt wird. Wie bereits im Kapitel zur Motivation erläutert, führen ungerechte empfundene Löhne zu Unzufriedenheit, Missgunst und Konflikten. Da es nun aber keine allgemein akzeptierte absolute Maßzahl für Gerechtigkeit gibt, wird diese auf verschiedene **„Sub-Gerechtigkeiten"** heruntergebrochen, wie zum Beispiel:

- die **Leistungsgerechtigkeit:** „wer mehr leistet, soll mehr verdienen";
- die **Qualifikationsgerechtigkeit**: „wer mehr weiß und kann, soll mehr erhalten";

- die **Anforderungsgerechtigkeit**: „wer schwierigere Arbeit hat, soll besser entschädigt werden";
- die **Marktgerechtigkeit**: „wer mehr nachgefragt wird, soll höher bezahlt werden";
- die **Sozialgerechtigkeit**: „wer mehr braucht, soll mehr bekommen".

Arbeitsbewertung heißt, die Anforderungen und Belastungen von Aufgaben und Tätigkeiten, von Arbeitsstellen und -plätzen personenunabhängig und unter Verwendung eines einheitlichen Maßstabes so zu erfassen, dass **anforderungsgerechte Löhne** ermittelt werden können. Diese anforderungsgerechten Löhne bestimmen den Grundlohn der Beschäftigten. Je höher die Anforderungen beziehungsweise Belastungen sind, desto größer ist die Arbeitsschwierigkeit. Je schwieriger eine Arbeit ist, desto größer ist ihr sogenannter **Arbeitswert**. Und je höher der Arbeitswert ist, desto größer ist der entsprechende Lohn. Ein **Arbeitswert** bezeichnet in diesem Zusammenhang also die Schwierigkeit der Arbeit beziehungsweise das Ausmaß an Anforderungen und Belastungen, die eine Arbeit (resp. die damit verbunden Aufgaben und Tätigkeiten) an den arbeitenden Menschen stellt. Im Gegensatz zur **Mitarbeiterbeurteilung,** die in der Regel periodisch erfolgt, werden Arbeitsbewertungen aber nur bei besonderen Anlässen durchgeführt, zum Beispiel bei Reorganisationen oder bei einer Revision des Lohnsystems. Man nennt Arbeitsbewertungen auch Arbeitsplatzbewertungen, Stellenbewertungen, Funktionsbewertungen, Arbeitswertstudien, Arbeitsklassifizierungen oder Englisch „job evaluations".

2.1 Anforderungsprofile

Die Arten und die Höhe der Anforderungen, die sich aus einer Funktion beziehungsweise aus einer Arbeitsstelle oder Arbeitsorganisation ergeben, kommen im **Anforderungsprofil** zum Ausdruck. Zusammen mit den **Fähigkeits- oder Eignungsprofilen**, welche die konkreten Qualifikationen von Mitarbeiterinnen und Mitarbeitern abbilden, stellen sie zentrale Instrumente im Human Resource Management dar. Anforderungsprofile sind **relevant**:

- in der **Gewinnung** von Humanressourcen, indem sie den Personalbedarf qualitativ präzisieren und so den Filter an der Eintrittspforte zum Unternehmen sind und die Eignungsvoraussetzungen für Laufbahnen im Unternehmen bestimmen;
- in der **Entwicklung** von Humanressourcen, indem sie eine Grundlage für die Bestimmung von Schulungs-, Trainings- und Weiterbildungskonzepten sind;
- in der **Beurteilung** der Leistung der Humanressourcen, indem man bei Anforderungsprofilen von der Normalleistung von Beschäftigten ausgeht und Anforderungsprofile somit geeignet sind, eine Mehr- und Minderleistung aufzuzeigen (eine **Normalleistung** ist definiert als eine Leistung, die von einem geeigneten, geübten und eingearbeiteten Mitarbeiter bzw. Mitarbeiterin auf Dauer nach kompetenter Beurteilung erbracht werden kann);
- in der **Belohnung** der Arbeit der Humanressourcen, indem nach menschlichem Gerechtigkeitsempfinden unterschiedliche Anforderungen unterschiedlich und gleiche Anforderungen gleich belohnt werden sollen;
- in der **Arbeitsorganisation**, um motivierende Arbeiten gestalten und bei Reorganisationen die sich verändernden Qualifikationsanforderungen abschätzen zu können.

Die meisten Anforderungskataloge gehen vom sogenannten **Genfer Schema** aus, das 1950 an einer Tagung des Internationalen Arbeitsamtes (ILO) in Genf als Konvention festgelegt wurde. Zum einen wird dabei zwischen **Fachkönnen** (aptitudes professionelles) und Belastung (effort) unterschieden und zum anderen wird zwischen **intellektuellen, charakterlichen und muskulären Anforderungen** (aptitudes intellectuelles, musculaires, caractérielles) differenziert. In nicht ganz getreuer Übersetzung wurden darauf im deutschsprachigen Raum die in Abbildung 17 dargestellten Grundanforderungen formuliert.

Auf der Basis des Genfer Schemas wurden in Beratung, Wissenschaft und Praxis die Kataloge von Anforderungen und Belastungen weiter differenziert. In öffentlichen und privaten Betrieben der Schweiz relativ weit verbreitet ist die sogenannte **Funktionsbewertung der GFO Unternehmensberatung**.

	Fachkönnen	Belastung
1. Geistige Anforderungen	X	X
2. Körperliche Anforderungen	X	X
3. Verantwortung		X
4. Arbeitsbedingungen		X

Abbildung 17: Das Genfer Schema

Ihr liegt die Funktionsbewertung des früheren Betriebswissenschaftlichen Institutes der ETH Zürich zugrunde. ‚Funktion' und ‚Stelle' bedeuten in diesem Zusammenhang das Gleiche. Der Katalog der Anforderungen und Belastungen ist in Abbildung 18 beispielhaft dargestellt. Die Anforderungen werden dabei zu Kompetenzen im Sinne von **Qualifikationsanforderungen** gebündelt (siehe innerer Kreis der Abbildung 18).

Fachkompetenz beinhaltet das über Ausbildungen erworbene Wissen und die on-the-job entwickelten Kenntnisse und Fertigkeiten. Unter **Selbstkompetenz** wird die von der Stelle im Rahmen des jeweiligen Handlungsfreiraums erforderte Fähigkeit verstanden, Aufgaben selbständig zu erledigen sowie Initiativen zu entwickeln und flexibel auf wechselnde Aufgaben und Situationen zu reagieren. **Sozialkompetenz** beinhaltet die von der Stelle bzw. Funktion geforderte Fähigkeit, sich entsprechend auszudrücken (Kommunikation) sowie die Fähigkeit zur adäquaten Verhaltensweise im zwischenmenschlichen Bereich und im Rahmen der gemeinsamen Leistungserstellung (Kooperations- und Teamfähigkeit). Unter **Führungs- und Beratungskompetenz** wird die geforderte Fähigkeit verstanden, als Linienvorgesetzte oder projektleitende Mitarbeiterinnen und Mitarbeiter zu führen oder als Mitarbeitende Vorgesetzte und Gremien in der Führung zu unterstützen. Unter **Beanspruchungen und Arbeitsbedingungen** fallen die bei der Ausübung einer bestimmten Stelle oder Funktion zu ertragenden Belastungen von Psyche, Körper- und Sinnesorganen sowie die Beeinträchtigung durch Umgebungseinflüsse und unregelmässige Arbeit.

Die **Anzahl der konkret zu berücksichtigenden Anforderungsarten** ist nicht bestimmt. Verwendet man **viele**, so hat

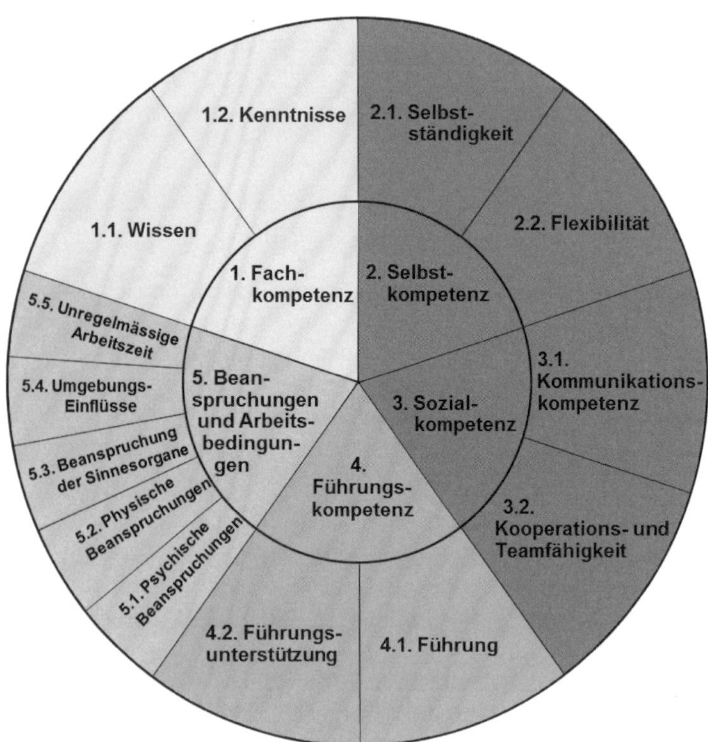

Abbildung 18: Anforderungs- und Belastungskriterien der GFO Unternehmensberatung (Heer, 2007, S. 16)

dies den Vorteil, dass die Schwierigkeiten der Arbeitsstellen recht vollständig berücksichtigt werden können, aber die Nachteile des Zeitaufwandes, der Kosten und der Gefahr von Doppelzählungen, wenn einzelne Merkmale korrelieren und damit mehrfach erfasst werden. Bei **zu einfachen Systemen** entstehen ein großer Bewertungsspielraum und das Risiko, einzelne Anforderungsarten nicht zu erfassen und „ungerecht" zu beurteilen. Heutige Systeme tendieren dazu, eher wenige aber entscheidende Anforderungen zu definieren.

2.2 Verfahren der Arbeitsbewertung

Arbeitsbewertungen beginnen mit einer **Beschreibung** der zu bewertenden Arbeit. Dazu werden Dokumente ausgewertet (Stellenbeschreibungen, Organigramme), Fragebogen ausgefüllt und Interviews geführt. Anschließend werden die beschriebenen Arbeiten qualitativ beurteilt und mit einem quantitativen Arbeitswert beziffert. Die **qualitative Analyse** kann summarisch oder analytisch erfolgen. **Summarisch** heißt, dass eine Arbeitsstelle als Ganzes eingeschätzt wird, ohne dass nach einzelnen Anforderungsarten aufgeschlüsselt wird. **Analytisch** bedeutet, dass die Arbeitsplätze nicht global sondern differenziert nach verschiedenen Anforderungsarten beurteilt werden.

Bei den **summarischen Verfahren** gibt es zwei Varianten: die Rangfolgemethode und die Lohngruppenmethode. Beim **Rangfolgeverfahren** werden die Arbeitsplätze nach ihrem Schwierigkeitsgrad wie bei einer „Hitparade" in eine Rangfolge gebracht. Der schwierigste Arbeitsplatz erhält den höchsten Rang, der zweitschwierigste den zweithöchsten bis hin zum einfachsten Arbeitsplatz, welchem der kleinste Arbeitswert zugewiesen wird. Dieses Verfahren ist sehr einfach, aber auch recht ungenau und es ist offen für die Subjektivität der bewertenden Personen. Es ist höchstens in kleinen Betrieben anwendbar.

Beim **Lohngruppen- oder Gehaltsgruppenverfahren** wird vorgängig für verschiedene Schwierigkeitsgrade eine Anzahl abgestufter Lohngruppen oder -klassen definiert (allenfalls mit Untergruppen oder -klassen), wozu Abbildung 19 ein Beispiel zeigt.

Analoge Gruppenbildungen gibt es auch für Managementpositionen. Nach der Bildung der Gruppen werden dann die einzelnen Positionen oder Arbeitsplätze daraufhin beurteilt, in welche der verschiedenen Schwierigkeits- beziehungsweise Lohngruppen sie einzuordnen sind. Die Zuordnung zu einer Gruppe kann durch Richtbeispiele erleichtert werden. Diese Methode ist einfach in der Handhabung. Sie setzt aber eine exakte Definition der Lohngruppen voraus, damit die Zuordnung eindeutig ist und sie bedingt, dass die bewertenden Personen die zu beurteilenden Stellen gut kennen, um sie der richtigen Lohngruppe zuordnen zu können.

Lohngruppe	Beschreibung
1	Arbeitskräfte für Tätigkeiten, die ohne handwerkliche Vor- oder Ausbildung ausgeführt werden, die aber gewisse Fertigkeiten erfordern.
2	Arbeitskräfte für Tätigkeiten, die ohne handwerkliche Vor- oder Ausbildung ausgeführt werden, die aber in der Regel körperlich schweres Arbeiten erfordern.
3	Arbeitskräfte, die ihre Abschlussprüfung bestanden haben und in ihrem erlernten Beruf beschäftigt sind sowie in diesen Berufen angelernte Kräfte mit mindestens 5-jähriger Tätigkeit.
4	Arbeitskräfte, die ihre Abschlussprüfung bestanden haben und in ihrem erlernten Beruf beschäftigt sind sowie in diesen Berufen angelernte Kräfte mit mindestens 5-jähriger Tätigkeit, denen Anweisungsbefugnisse über mehr als 5 ständig beschäftigte Arbeitnehmer einschließlich der Auszubildenden übertragen sind.

Abbildung 19: Beispiel von Lohngruppen des Einzelhandels im Tankstellen- und Garagengewerbe (ver.di, 2013)

Bei den **analytischen Bewertungsverfahren** werden die Arbeiten oder die Stellen – anders als bei den summarischen Methoden – nicht mehr global eingeschätzt, sondern werden nach einzelnen Anforderungskriterien analysiert und beurteilt. Der Arbeitswert einer Stelle ergibt sich dann aus der Summe der (allenfalls gewichteten) Einzelwerte pro Anforderungsart. Dies setzt voraus, dass ein „Katalog" von Anforderungen beziehungsweise von Merkmalen oder Kriterien definiert ist.

Die GFO Unternehmensberatung geht beispielsweise von den in Abbildung 18 dargestellten Anforderungsarten aus. **ABAKABA** (Analytische Arbeitsbewertung von Arbeitstätigkeiten nach Katz & Baitsch) legt den in Abbildung 20 dargestellten Merkmalskatalog zugrunde (Katz & Baitsch, 1996). Für Führungspositionen unterscheidet die Hay Group, eine weltweite

Managementberatung mit Schwerpunkt Organisation und HR, zum Beispiel die folgenden Anforderungskategorien: Know-how (depth of know-how, managerial know-how, human relations skills), problem-solving (thinking environment, thinking challenge), accountability (freedom of act, magnitude, job impact on end results) und allenfalls working conditions (physical effort, environment, hazards).

Intellektueller Bereich – Fachliche Anforderungen – Anforderungen an organisatorische Fähigkeiten – Beeinträchtigung von Handlungs- und Entscheidungsspielräumen – Beeinträchtigende Arbeitsunterbrechungen
Psycho-sozialer Bereich – Anforderungen an mündliche Kommunikationsfähigkeit – Anforderungen an Kooperationsfähigkeit – Anforderungen an das Einfühlungsvermögen – Beeinträchtigende psycho-soziale Bedingungen
Physischer Bereich – Anforderungen an die Muskelkraft – Anforderungen an die Bewegungspräzision – Beeinträchtigende zeitliche Bedingungen – Beeinträchtigende Umgebungsbedingungen
Verantwortung – Verantwortung für die Arbeitsergebnisse anderer Personen – Verantwortung für menschliches Leben – Verantwortung für wertvolle Materialien und Güter – Verantwortung für den Schutz der Umwelt

Abbildung 20: Anforderungsmerkmale gemäß der analytischen Arbeitsbewertung von Arbeitstätigkeiten (Katz & Baitsch, 1996, S. 42)

Sind die Kriterien beziehungsweise Merkmale definiert, ist zu entscheiden, ob alle Anforderungsmerkmale in gleicher Weise berücksichtigt werden oder ob den als wichtig erachteten Merkmalen durch **Gewichtungen** eine größere Bedeutung gegeben wird. Zentral ist in jedem Fall, dass die Merkmale voneinander unabhängig sind und dass sie präzise operationalisiert werden. Sind die Anforderungsmerkmale definiert und gewichtet und sind ihre Ausprägungshöhen klar festgelegt (zum Beispiel mit verbalen Erläuterungen und Referenzbeispielen), können die Stellen bewertet werden. Die Summe der Einzelwerte pro Anforderungsart ergibt den **Arbeitswert pro Stelle**.

Sind die Arbeitswerte der Stellen ermittelt, werden die entsprechenden Punktsummen in Entgelt umgewandelt. Dieses Entgelt ist das Grundentgelt, welches die Stellen- oder die Funktionsanforderungen kompensieren soll. Die Funktion *Lohn = f(Arbeitswert)* wird als **Arbeitswertlohnlinie** oder als **Lohnkurve** bezeichnet. Wie in Abbildung 21 dargestellt, kann diese linear, gestuft, progressiv oder degressiv verlaufen. Ihre Bestimmung ist ein personalpolitischer Entscheid.

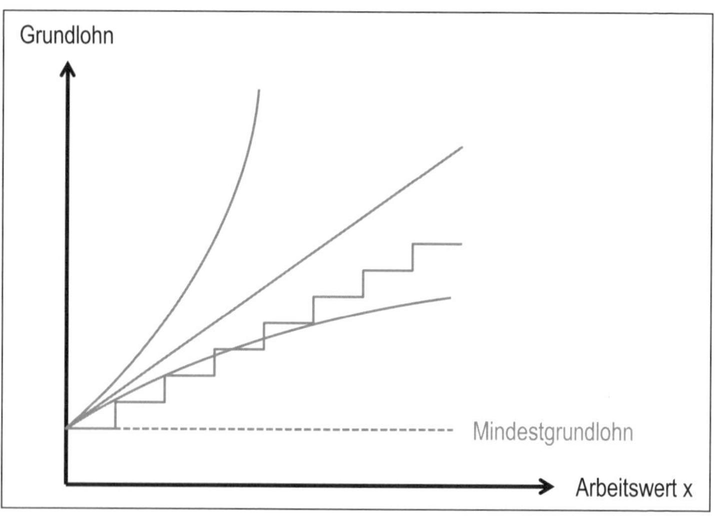

Abbildung 21: Lohnkurve oder Arbeitswertlohnlinie

2.3 Gleicher Lohn für gleichwertige Arbeit

Weder die Anforderungsmerkmale, noch deren Gewichtungen, noch die Zuweisung eines Arbeitswertes zu einem Lohnsatz sind einfach gegeben. Sie sind das Produkt eines Entscheides.

Unterscheidet man beispielsweise zwischen Können, Belastung, Verantwortung und Umgebungseinflüssen, so kann man feststellen, dass bei Arbeitern in der Produktion Belastungen und Umgebungseinflüsse im Vergleich zu Angestellten in kaufmännisch geprägten Berufen in der Regel höher gewichtet werden, während bei Angestellten stärker das Können in den Vordergrund gestellt wird. Bei Führungspositionen bekommt die Verantwortung ein besonderes Gewicht. Für diese **Gewichtungen** können verschiedene **Einflussgrößen** eine Rolle spielen, zum Beispiel die Wertvorstellungen der Entscheidungsträger, die Verhältnisse auf dem Arbeitsmarkt, die „herrschende Meinung" oder betriebsspezifische Gegebenheiten. Problematisch werden solche Gewichtungen dann, wenn dadurch bestimmte Personen systematisch privilegiert oder diskriminiert werden.

Bei den summarischen Verfahren der Arbeitsbewertung wird nicht nach einzelnen Anforderungskriterien differenziert. Die Einschätzung wird dem globalen Urteil der bewertenden Personen überlassen. Summarische Verfahren haben damit ein besonders hohes **Diskriminierungspotenzial**. Aber auch analytische Verfahren sind vor Diskriminierungseffekten nicht gefeit. In Abbildung 22 ist eine analytische Arbeitsbewertung (1 bis 10 Punkte pro Merkmal, ohne Gewichtung) mit einem diskriminierenden Anforderungskatalog dargestellt. Der Betriebsschlosser in der linken Spalte erhält 71 Punkte, die Krankenpflegerin 32 Punkte. Der Anforderungskatalog wirkt unter anderem deshalb diskriminierend, weil viele Merkmale eines typischen Männerarbeitsplatzes aufgenommen worden sind (Umgebung, Maschinen), aber nur wenige eines typischen Frauenarbeitsplatzes und weil bestimmte eher maskuline Voraussetzungen zweifach gewichtet werden (zum Beispiel einmal als physische Anstrengung, einmal als Kraft).

In Abbildung 23 sind die Anforderungskriterien geändert. Zudem sind sie gewichtet. Links sind die „Betriebsschlosser"-freundlichen Kriterien (diskriminierend) höher gewichtet, was zu einem entsprechend höheren Arbeitswert für die Stelle des Betriebsschlossers führt.

Anforderungen	Betriebs-schlosser	Kranken-pflegerin
Fähigkeiten (Können)		
• Geschicklichkeit	6	1
• Berufsausbildung	5	7
• Berufserfahrung	10	5
Belastungen		
• erforderliche Kraft	7	2
• dauernde physische Belastung	5	1
• mentale Anstrengung	5	6
Verantwortung für		
• Geld	0	0
• Ausrüstung, Material, Maschinen	8	3
• Sicherheit anderer	3	6
• Arbeit anderer	3	0
Umgebungseinflüsse		
• physische Umgebung (Lärm, Hitze, Schmutz)	6	0
• Arbeitsposition	6	0
• auftretende Gefahren	7	1
Summe	71	32

Abbildung 22: Diskriminierender Anforderungskatalog: linke Spalte Betriebsschlosser, rechte Spalte Krankenpflegerin (Jochmann-Döll & Wächter, 1989, S. 183)

Anforderungen	Gewicht	Betriebs-schlosser	Kranken-pflegerin	Gewicht	Betriebs-schlosser	Kranken-pflegerin
Berufsausbildung	7%	35	49	15%	75	105
Berufserfahrung	10%	100	50	10%	100	50
Aufgabenvielfalt	8%	40	56	15%	75	105
Belastung						
• Physisch	15%	105	30	10%	70	20
• Mental	8%	40	56	10%	50	70
Verantwortung						
• Für Menschen	10%	30	90	10%	30	90
• Für Ausrüstung, Material, Maschinen	10%	80	30	10%	80	30
• Für Dokumentation, Berichte	10%	0	70	10%	0	70
Arbeitsbedingungen	22%	132	22	10%	60	10
Summe	100%	562	453	100%	540	550

Abbildung 23: Diskriminierende (linke Hälfte) und diskriminierungsfreie (rechte Hälfte) Gewichtungen (Jochmann-Döll & Wächter, 1989, S. 185)

Analytische Arbeitsbewertungsverfahren bieten eine bessere Möglichkeit, die Umsetzung des Grundsatzes „gleicher Lohn für gleichwertige Arbeit“ zu überprüfen. Dies kann auch mit statistischen Verfahren oder über online-Lohnrechner erfolgen. Eine analytische Arbeitsbewertung per se bietet aber wie illustriert noch keine Garantie, dass der Wert einer Arbeitsstelle diskriminierungsfrei bestimmt wird.

Mögliche **Diskriminierungsquellen** ergeben sich vor allem aus:

- der **Auswahl** oder der **Bestimmung der Merkmale**, wenn die gleichen Anforderungen und Belastungen mehrfach erfasst werden, wenn die gewählten Merkmale Anforderungen und Belastungen, die in typischen Frauen- oder Männerberufen typisch sind, nicht berücksichtigt werden und/oder wenn die Merkmale ungenau oder nicht geschlechtsneutral operationalisiert werden;
- der **Gewichtung der Merkmale**, wenn geschlechtstypische Anforderungen und Belastungen mehr oder weniger Gewicht erhalten;
- **Fehlertendenzen im Bewertungsprozess**, beispielsweise durch den Halo-Effekt, wo ein hervorstechendes Merkmal die Beurteilung anderer Merkmale beeinflusst;
- der personellen **Zusammensetzung des Beurteilungsgremiums**.

Die Problematik der Diskriminierung kann in zwei Richtungen erweitert werden:

- **personell**, indem sie nicht nur auf das Geschlecht bezogen wird, sondern zum Beispiel auch auf die Kriterien Alter, Konstitution (Menschen mit Behinderung) und Herkunft (Kultur);
- **funktionell**, indem sie nicht nur bei der Ermittlung anforderungsgerechter Löhne analysiert wird, sondern zum Beispiel auch bei der Bestimmung von leistungsgerechten Löhnen, bei Weiterbildungen und in der Entwicklung von Laufbahn- und Karrieresystemen. Gesucht sind also nicht nur diskriminierungsfreie Arbeitsbewertungssysteme, sondern auch diskriminierungsfreie Personalbeurteilungs- und Laufbahnsysteme (Fried, Wetzel & Baitsch, 2000).

Teil

4

Anreize und Lohnsysteme

(Quelle: disney.wiki.com)

Ein Klempner wurde gerufen, um das riesige Kesselsystem eines Dampfschiffs zu reparieren, da es nicht mehr funktionierte. Nachdem er den Ausführungen des Maschinisten zugehört und einige Fragen gestellt hatte, ging er in den Kesselraum. Er schaute auf das Labyrinth der ineinander verschlungenen Röhren, lauschte ein paar Minuten auf die Geräusche im Kessel und auf das Zischen des entweichenden Dampfes und befühlte die Rohre mit den Händen. Dann summte er leise vor sich hin, griff in seinen Overall, zog einen kleinen Hammer heraus und schlug einmal leicht auf ein leuchtend rotes Ventil. Sofort arbeitete das System wieder vollkommen fehlerfrei und der Klempner ging nach Hause. Als der Eigner des Dampfschiffes eine Rechnung von 1.000 Dollar erhielt, beschwerte er sich darüber, dass der Klempner nur etwa 15 Minuten im Maschinenraum gewesen war und forderte eine detaillierte Rechnung. Der Klempner schickte ihm diese:

Für einen leichten Schlag mit dem Hammer	0,50 Dollar
Für das Wissen um die richtige Stelle	999,50 Dollar
Gesamtsumme	1.000,00 Dollar

Schlüsselbegriffe des vierten Teils

Anreize – materielle, immaterielle
Funktionen von finanziellen Anreizen
Bemessungsgrundlagen für Löhne
Lohnformen – Zeitlohn, Stücklohn, Prämienlohn
Lohnstruktur – Grundlohn, variabler Lohn, Fringe Benefits
Leistungslöhne – Gründe, Elemente, Probleme
Messgrößen
Multitasking-Problem
Selbstselektion
Auszeichnungen

Ist Motivierung ein Mythos (Sprenger, 2002)? Kann man Menschen motivieren? Und wenn ja, wie und womit? Menschen sind nicht Automaten, bei denen man oben Münzen einwirft, damit sie unten eine programmierte Leistung ausspucken. „Wenn Sie mit Erdnüssen zahlen, erhalten Sie Affen", soll Sir James Goldsmith einmal gesagt haben. Menschen haben ihre eigenen Motive, Erwartungen und Vorstellungen, die sich im Verlaufe ihres individuellen Lebens, in ihrer subjektiven Lebenswelt und mit ihren persönlichen Erfahrungen entwickelt haben. Diese Motive, Erwartungen und Vorstellungen bestimmen, woran sich ihr Interesse entzündet. Entzündungen brauchen aber Zündfunken. Solche Zündfunken nennt man Anreize.

1 Anreizsysteme

Anreize sind Anregungen, Aktivierungen, Stimuli oder Angebote von außen, die je nach Bedürfnis- beziehungsweise Motivlage als belohnend, nützlich, wertvoll oder valent wahrgenommen werden (oder bei umgekehrtem Vorzeichen als bestrafend, schädlich oder verlustbringend). In Unternehmen versucht man Anreiz-, Incentive- oder Belohnungssysteme bewusst zu gestalten, um das Verhalten der Beschäftigten zu aktivieren und in bestimmte Richtungen zu lenken.

Viele Menschen sind in ihrer Arbeit intrinsisch motiviert. Reicht diese Motivation aber nicht aus, weil zum Beispiel die Arbeit gefährlich, zu eng spezialisiert und monoton ist, oder weil man sich dabei ängstigt, ärgert oder langweilt oder weil man sich für bestimmte Tätigkeiten, Prioritäten oder Aspekte zu wenig interessiert und engagiert, braucht es extrinsische Anreize. Diese dienen dazu, dass auch diejenigen Aufgaben wahrgenommen werden, für welche die intrinsische Motivation alleine zu gering ist.

Folgende Anreize sind in Unternehmen üblich:

- finanzielle Anreize (z. B. Löhne und Gehälter, Boni, Prämien, besondere Entschädigungen und Zusatzleistungen, Erfolgsbeteiligungen),
- soziale Anreize (z. B. Kolleginnen und Kollegen, Kommunikation, Betriebsklima, Unternehmenskultur),
- Anreize, die der Arbeit selbst entspringen (z. B. Arbeitsinhalt, Autonomie, Entfaltungsmöglichkeiten, Abwechslung),
- Anreize, die mit dem Unternehmen verbunden sind (z. B. Image, Standort).

Je nach Auswahl und Zusammensetzung der verschiedenen Elemente ergibt sich für ein Unternehmen ein spezifisches Anreiz-Profil. Abbildung 24 zeigt dafür einen Rahmen, wie ihn die Kienbaum Human Resource & Management Consulting sieht.

Darin wird zwischen materiellen und immateriellen Anreizen unterschieden. Die Attraktivität eines Anreizsystems im (Arbeits-)Markt wird durch die Bedürfnisse, Erwartungen und Wahrnehmungen der Zielgruppen bestimmt. Jedes Profil zieht diejenigen Menschen an, die dieses Profil attraktiv finden.

2 Finanzielle Anreize

Finanzielle Anreize sind im Wesentlichen Löhne, finanzielle Zusatzleistungen und Erfolgsbeteiligungen. Für die Beschäftigten stellen sie **Einkommen** dar und sind damit eine wesentliche Grundlage ihrer ökonomischen Lebensbedingungen. Für die Unternehmen sind es **Kosten**, welche im Dienstleistungsbereich

Betriebliches Anreizprofil	Attraktivität der Ausprägung (niedrig) 1	2	3	4	(hoch) 5
Materielle Anreize					
Festbezüge	○	○	○	○	○
variable Entgeltkomponenten	○	○	○	○	○
Mitarbeiterbeteiligung	○	○	○	○	○
Alters-/Invaliditätsversorgung	○	○	○	○	○
Gehaltsfortzahlung bei Krankheit/Tod	○	○	○	○	○
Unfallversicherung	○	○	○	○	○
Urlaub	○	○	○	○	○
sonstige Nebenleistungen	○	○	○	○	○
...	○	○	○	○	○
Immaterielle Anreize					
Aufgabeninhalt	○	○	○	○	○
Handlungsfreiräume	○	○	○	○	○
Führungsstil	○	○	○	○	○
Anerkennung/Status	○	○	○	○	○
Personalentwicklung	○	○	○	○	○
Aufstiegs- und Karrierechancen	○	○	○	○	○
Information/Kommunikation	○	○	○	○	○
Arbeitsplatzsicherheit	○	○	○	○	○
Arbeitsbedingungen	○	○	○	○	○
Arbeitszeitregelung	○	○	○	○	○
Betriebsklima	○	○	○	○	○
Firmenimage	○	○	○	○	○
Standort	○	○	○	○	○
...	○	○	○	○	○

Abbildung 24: Struktur eines Anreiz-Profils (Kienbaum, 2008)

bis zu 80 % der Betriebskosten ausmachen können. Leistungs- und erfolgsorientierte Lohnsysteme, Mindestlöhne und Kaderlöhne sind auch Gegenstand der öffentlichen Diskussion. Im Folgenden werden zunächst die Funktionen von Löhnen skizziert und anschließend Formen und Struktur von Löhnen diskutiert.

2.1 Funktionen

Finanzielle Anreize haben verschiedene **Funktionen**.

- **Informations- oder Signalfunktion:** Mit finanziellen Anreizen bringt das Unternehmen zum Ausdruck, welches Verhalten als wertvoll taxiert wird. Was wertvoll ist, wird entsprechend belohnt. Selbst wenn im Extremfall die Angehörigen eines Unternehmens die gesetzten Prioritäten nicht kennen: Setzt man Belohnungen aus, so erkundigen sich die Menschen automatisch danach, wofür es die Belohnungen gibt.
- **Verhaltenssteuerungs- bzw. Disziplinierungsfunktion**: Durch die ausgesetzten Belohnungen werden Menschen beeinflusst. Beim Erreichen der zur Belohnung ausgesetzten Ziele gibt es eine Prämie, sonst nicht. Dieses Muster ist uns aus verschiedenen Bereichen vertraut: In der Dressur von Tieren, in der Erziehung von Kindern („wenn Du die Hausarbeiten machst...") oder aus dem Wilden Westen („5.000 Dollar, dead or alive").
- **Selbstselektions- und Akquisitionsfunktion**: Je nach individueller Valenz finden die Einen ein spezifisches finanzielles Anreizsystem interessant, andere finden es nicht. Diejenigen, die es interessant finden, suchen es. Gute Verkäufer suchen zum Beispiel ein Lohnsystem mit hoher Umsatzprovision und Menschen, die rasch ermüden, werden Akkordlöhne meiden.
- **Entschädigungsfunktion:** Dabei geht es um die Kompensation der Belastungen und Schwierigkeiten der Arbeit und der von den Menschen zur Verfügung gestellten Zeit und Qualifikation.
- **Motivierungsfunktion:** Lohnsysteme sollen auch anspornen, indem sie Leistungen belohnen.
- **Anerkennungsfunktion**: Sie ergibt sich aus dem psychologischen Bedürfnis der Menschen nach Feedback, Wahrnehmung und sozialer Anerkennung der erbrachten Leistung.

2.2 Formen und Struktur von Löhnen

Im Folgenden werden zwei Funktionen von Löhnen herausgegriffen: die **Kompensationsfunktion** und die **Anreizfunktion**.

Einerseits ist der Lohn eine Kompensation dafür, was Menschen in ihrer Arbeit können und ertragen müssen und andererseits ist er ein Anreiz zur produktiven Leistung und ein Mittel zur Personalgewinnung und Personalerhaltung. In diesem Sinne kann man auch zwischen Lohnkomponenten unterscheiden, die kompensieren und solchen, die Anreize bieten sollen. In diesem Sinne könnte man zwischen Kompensationslöhnen und Anreizlöhnen unterscheiden.

Bei der **Entwicklung von Lohnsystemen** geht es darum, die Fragen zu beantworten, **was** kompensiert und incentiviert werden soll und **wie** diese Kompensation und Incentivierung erfolgen soll. Im Rahmen ihrer rechtlichen und gesamtarbeitsvertraglichen Auflagen sind die Unternehmen in der Gestaltung der Lohnsysteme frei.

Wie in Abbildung 25 dargestellt ist, gibt es verschiedene Alternativen, **was** kompensiert und/oder incentiviert werden kann. **Outputgrößen** zielen auf Ergebnisse ab, **Inputgrößen** berücksichtigen individuelle Qualifikationen und/oder Bedingungen der Arbeitsorganisation. In allen Fällen ist es wichtig, diese Bemessungsgrößen klar zu bestimmen. **Qualifikationsorientierte Löhne** (bzw. Potenzial-, Polyvalenz- oder Fähigkeitslöhne) bieten einen Anreiz, benötigte Qualifikationen zu erwerben und/oder zu erhalten. **Arbeitswert- beziehungsweise an den Anforderungen orientierte Belohnungen** kompensieren vor allem die Schwierigkeiten und Belastungen in der Arbeit. **Leistungslöhne** sollen demgegenüber primär zu individueller Anstrengung anspornen. **Erfolgsabhängige Löhne,** bei denen ein „Erfolgstopf" verteilt wird, bringen zum Ausdruck, dass Betriebe Plattformen der Verbundproduktion sind.

Lohnformen geben an, **wie** belohnt wird. Im Wesentlichen werden **Zeitlöhne, Leistungs- oder Stücklöhne und erfolgsabhängige Löhne** unterschieden. Beim **Zeitlohn** erfolgt die Entlohnung nach der Dauer der Arbeitszeit. Ein unmittelbarer Ansporn zu Produktivität entsteht daraus nicht, weshalb die Erfassung von Zeit und Output (Leistungs-, Verhaltensbeurteilung) bedeutsam wird. Zeitlöhne sind vor allem bei sich rasch ändernden, komplexen und riskanten Aufgaben, bei Mehrfach-

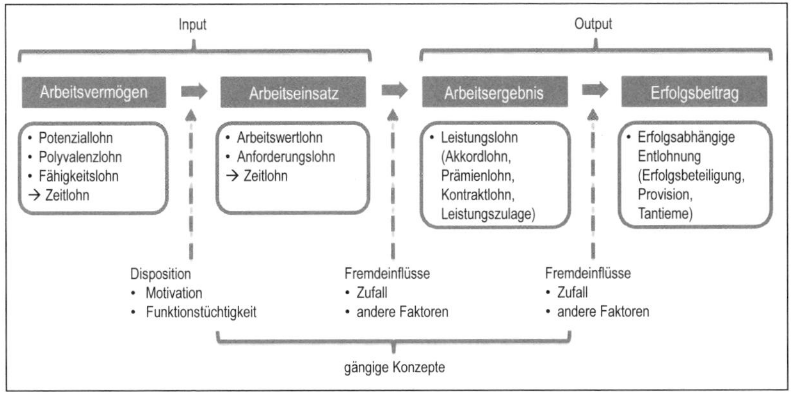

Abbildung 25: Bemessungsgrundlagen für Löhne (Kossbiel, 1994, S. 79)

aufgaben (Multitasking) und/oder bei Aufgaben mit sehr kleinen Handlungsspielräumen und vielen Störgrößen angebracht.

Gibt es wenig Fremdeinflüsse, sind die Leistungen gut auf die einzelnen Leistungsträger zurechenbar, spielt die Qualität gegenüber der Menge eine untergeordnete Rolle und ist das Risiko der Selbstausbeutung kontrollierbar, so sind **Stücklöhne** möglich. In der Regel handelt es sich dabei um eher einfache, plan- und berechenbare und damit repetitive Aufgaben. Die Bezahlung erfolgt nach der Zahl erstellter Leistungen, zum Beispiel nach Anzahl Beratungen, Fällen, Einheiten oder Prozessen. Der **Akkordlohn**, ein Leistungslohn der nach Mengeneinheiten bemessen wird, ist dafür prototypisch. Stücklöhne belohnen die Produktivität und lenken die Leistungserbringer mehr auf die Ausnutzung von Lern- und Erfahrungspotenzialen und weniger auf die Suche nach Innovation.

Prämienlöhne sind in der Regel Ergänzungen zu Zeit- oder Stücklöhnen um besondere Leistungen zu incentivieren, etwa in Form von Nutzungs-, Ersparnis-, Qualitäts-, Zeit-, Mengenleistungs- oder Gruppenprämien. In der Fabrikation gibt es beispielsweise Prämien für Termintreue mit dem Zweck, Zwischenlager zwischen den Fabrikationseinheiten klein zu halten, oder im Verkauf gibt es Prämienlöhne beispielsweise in Form von Umsatzprovisionen.

Lohnsystemen liegen in der Regel mehrere Ziele zugrunde. Deshalb werden verschiedene Bemessungsgrundlagen und Lohnformen kombiniert. Das führt dazu, dass der **Gesamtlohn verschiedene Komponenten** umfasst. Abbildung 26 stellt die Struktur eines Lohnes modellhaft dar. Diese sind:

- Das **Grundgehalt** ist fix und kompensiert im Wesentlichen die Funktionsanforderungen (Schwierigkeit und/oder Qualifikation). Dazu braucht es entsprechende Arbeits- beziehungsweise Funktionsanalysen.
- In das **variable Gehalt** fließen die individuelle Leistung und der kollektive Erfolg ein. Dabei steht die Leistungsmotivierung im Vordergrund. Dazu braucht es ein System zur Erfassung (Messung, Beurteilung) der individuellen Leistung.
- Hinzu kommen **situative Anteile**, etwa Sonderprämien (z. B. für einen außergewöhnlichen Einsatz), Zulagen (z. B. Dienstalters- oder Kinderzulagen) und sogenannte **Fringe Benefits** (z. B. Freizeitangebote, Beteiligung an Versicherungskosten, verbilligte Leistungen). Sie sollen die Attraktivität des Unternehmens und die Bleibemotivation stärken. Fringe Benefits sind im Sinne von Frederick Herzberg meist typische Dissatisfaktoren: mit zwei Halbtaxabonnements wird ein Mitarbeiter nicht zufriedener. Hingegen wird er unzufrieden, wenn das eine Halbtaxabonnement gestrichen wird.

In Abbildung 26 nicht aufgeführt sind die Lohnnebenkosten und der „Knappheitsfaktor", der sich aus der Lage auf dem Arbeitsmarkt ableitet, wenn die Nachfrage nach bestimmten Fachkräften höher ist als das Angebot. Der Arbeitsmarkt bestimmt den **Wettbewerbslohn**. Ist das Lohnsystem nicht konkurrenzfähig, „laufen die Leute davon", das heißt, es kommt zu einer hohen Fluktuation und die Personalgewinnung wird erheblich erschwert. Das Design eines Lohnsystems findet also nicht in einem luftleeren Raum statt. Neben den Restriktionen des Arbeitsmarktes sind **unternehmenspolitische, psychologische und praktische Bedingungen** wie folgt in Rechnung zu stellen.

- **Unternehmenspolitisch:** Lohnsysteme sind Mittel zur Umsetzung unternehmenspolitischer Ziele. Das bedeutet, dass die

Strategie, die Struktur und die Kultur des Unternehmens bei der Planung des Lohnsystems zu berücksichtigen sind:

- ein Unternehmen mit einer Strategie der Kostenführerschaft wird sein Lohnsystem nach anderen Kriterien ausrichten, als ein Unternehmen mit einer Differenzierungsstrategie;
- ein Unternehmen mit einem ausgeprägten Unternehmergeist wird Innovationen höher belohnen als ein Unternehmen mit einer Verwaltungskultur;
- in einem Unternehmen, in dem die Beschäftigten als „Einzelkämpfer" wichtig sind, wird die individuelle Leistung höher gewichtet, als in einer Organisationsstruktur, die durch Teams bestimmt wird.

Die Strategie, Struktur und Kultur eines Unternehmens führen dazu, dass für verschiedene Bereiche eines Unternehmens die Lohnsysteme unterschiedlich konfiguriert sind. So gibt es Unterschiede zwischen dem Lohnsystem an der Verkaufsfront und dem Lohnsystem in der Administration, zwischen dem Lohnsystem gewinnverantwortlicher Produktbereiche und kostenverantwortlicher Konzernzentralen oder zwischen dem Lohnsystem für Mitarbeitende, Führungskräfte, Geschäftsleitungen und Verwaltungsräte.

- **Psychologisch:** Unabhängig vom Unternehmen, von seiner Strategie und von seiner Organisation erwarten die Beschäftigten, dass „ihr" Lohnsystem fair ist. Fair heißt, dass das Lohnsystem in den Augen der Betroffenen leistungs-, qualifikations-, anforderungs-, markt- und sozialgerecht ist, dass diese die Möglichkeit haben, am Erfolg des Unternehmens beteiligt zu werden und dass sie die Kriterien und/oder die Mechanismen der Lohnverteilung als nachvollziehbar, konsistent und akkurat empfinden. Dies spricht für transparente und einfache Systeme.
- **Praktisch:** Neben der organisatorischen Maßschneiderung sollten Lohnsysteme flexibel sein, das heißt, die Möglichkeit beinhalten, sich zeitlich an Veränderungen anpassen zu können. Unter der Prämisse tiefer Betriebskosten ergeben sich daraus Zielkonflikte zwischen Standardisierung und Differenzierung und zwischen Stabilität und Flexibilität.

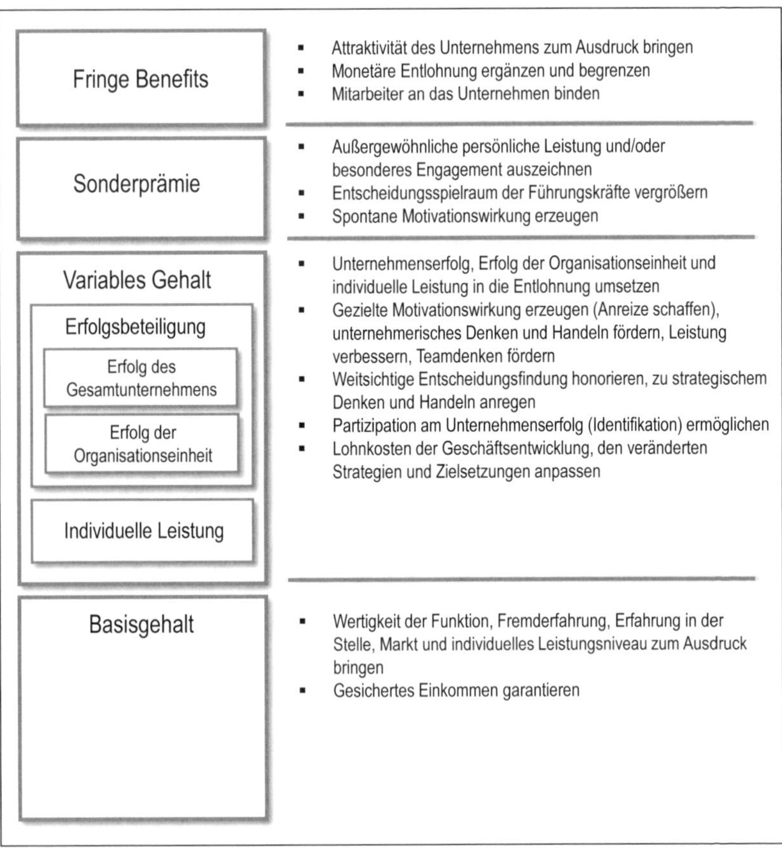

Abbildung 26: Lohnstruktur (Kappel & Uschatz, 1992, S. 62)

3 Leistungslöhne

Leistungslöhne zeichnen sich dadurch aus, dass sich die Höhe des Gehalts nach der individuellen Leistung richtet. Sie unterscheiden sich damit von fixen Zeitlohnformen, welche die Schwierigkeit der Arbeit kompensieren oder welche die individuellen, betrieblich verwendbaren Qualifikationen vergüten. Die ursprüngliche Form des Leistungslohnes ist der Akkordlohn.

Heutzutage sind Entgeltsysteme verbreitet, die sich aus einem festen Grundgehalt und einem variablen Leistungsanteil zusammensetzen.

3.1 Gründe

Mit dem Leistungslohn werden diejenigen höher belohnt, welche mehr leisten. Dies entspricht dem **Gerechtigkeitsempfinden** unserer (Leistungs-)Gesellschaft. Dies ist ein prinzipieller Grund, Leistungslöhne vorzusehen. Daneben gibt es verschiedene psychologische und ökonomische Überlegungen.

Menschen neigen dazu, Erfolge und Belohnungen zu suchen und Misserfolge und Bestrafungen zu vermeiden. Deshalb achten sie darauf, was in den betrieblichen Beurteilungs-, Bewertungs- und Belohnungssystemen zum Ausdruck kommt. Für sie zählt, was gemessen und belohnt wird. Das macht sie selektiv (un-)aufmerksam. So binden auch Leistungslöhne die **Aufmerksamkeit**.

Indem festgelegt wird, welche Leistungen honoriert werden, signalisiert ein Unternehmen, worauf es Wert legt. Die Belohnung einer Mehrleistung motiviert, sich mehr anzustrengen. Leistungslöhne haben eine **Anreizfunktion.** Mit ihr gehen eine **Disziplinierungs- und eine Steuerungsfunktion** einher. Damit sind verschiedene **betriebswirtschaftliche Vorteile** verbunden, beispielsweise:

- man konzentriert sich auf Leistungsprozesse und -ergebnisse;
- es erfolgt ein Antrieb zu höherer Leistung;
- man diskriminiert (positiv) zwischen unterschiedlichen Leistungsträgern;
- die Produktivität wird gesteigert;
- der Fixkostenblock wird aufgebrochen;
- der Führungsbedarf durch Führungskräfte sinkt.

Lohnsysteme mit einem hohen Leistungsanteil ziehen zudem Personen an, welche ihren eigenen Leistungserfolg überdurchschnittlich einschätzen und so gegenüber einem reinen Zeitlohnsystem mehr zu verdienen hoffen. Diesen Effekt nennt man **Selbstselektion**.

Anders als bei fixen Löhnen gibt es bei Leistungslöhnen eine Varianz, die dazu führt, dass es je nach Leistung niedrigere und höhere Löhne gibt. Leistungsstärkere oder als leistungsstärker eingestufte Mitarbeitende profitieren davon, wenn leistungsschwächere beziehungsweise als leistungsschwächer qualifizierte verlieren. Das führt dazu, dass die Leistungsschwächeren das Unternehmen verlassen (Fluktuation). Umgekehrt fühlen sich bei der Personalgewinnung die Leistungsstärkeren vom Unternehmen angezogen. Den gleichen Effekt beobachteten Iris Bohnet und Felix Oberholzer-Gee (2000) auch beim Management von Ideen. Wechselt ein Unternehmen sein Prämiensystem für Verbesserungsvorschläge in dem Sinne, dass inskünftig nicht mehr das Einreichen eines Vorschlages prämiert wird, sondern die Realisierung des eingereichten Vorschlages, so hat dies zur Folge, dass die Zahl der eingereichten Verbesserungsvorschläge abnimmt, deren Qualität und Effizienz aber zunehmen.

3.2 Gestaltungselemente

Beim **Design** von Leistungsvergütungssystemen stellen sich **vier Fragen**:

- Welche Leistung wird vergütet?
- Wie wird Leistung gemessen?
- Welches Gewicht hat die Leistungsvergütung im Vergleich zum fixen Lohnanteil?
- Wie wird die Vergütung ermittelt und ausbezahlt?

Erstens setzt ein Leistungslohnsystem voraus, dass ein gemeinsames Verständnis von **Leistung** geschaffen wird. Die zentrale Frage, die sich dabei stellt, ist: Was heißt Leistung? Man spricht über die Leistung von Mutter Theresa, von Albert Einstein oder von Wolfgang Amadeus Mozart, die Leistungsinhalte unterscheiden sich aber maßgeblich. Auch Drogendealer, Geldwäscher oder die Mafia haben ihre Vorstellungen von Leistung. Leistung per se bedeutet also nichts. Es ist ein (Hülsen-)Wort, das mit sehr unterschiedlichem Inhalt gefüllt werden kann. Demzufolge ist also festzulegen, was Leistung inhaltlich bedeutet und was eine hohe Leistung ausmacht und was nicht. Die erreichte Leistung bestimmt dann die Vergütung.

- Konkretisiert man die Leistung über eine **einzige Messgröße**, dann ist die Anreizwirkung für diese Messgröße groß. Werden Verkäufer nur nach Umsatz belohnt, dann werden sie versuchen, den Umsatz zu maximieren - koste es was es wolle. Verwendet man umgekehrt **mehrere Messgrößen,** so kann man ein breiteres Leistungsverhalten fördern. Dafür ist die Anreizwirkung pro Messgröße geringer.
- Beziehen sich die Messgrößen nur auf **persönliche Leistungskriterien**, fördert dies eine Kultur von individuellen Einzelkämpfern. Werden hingegen **Messgrößen des Unternehmensbereichs** herangezogen, so kann dies die Kooperation fördern.
- Dafür sind die Einflussmöglichkeiten des einzelnen Mitarbeitenden geringer, und der Zusammenhang zwischen der individuellen Leistung und dem gemeinsam erreichten Erfolg ist weniger sichtbar.
- Ist das **Aspirationsniveau** der Messgrößen **tief**, das heißt, sind die festgelegten Standards mit wenig Anstrengung erreichbar, ist die Anreizwirkung tief. Die Messgrößen lassen sich mit wenig Aufwand weit übertreffen. Ist demgegenüber das Aspirationsniveau **hoch** und sind die festgelegten Messgrößen nur mit höchster Anstrengung erreichbar, sind auch das Misserfolgs- und damit das Frustrationsrisiko hoch.

Zweitens ist festzulegen, wie die definierte Leistung ermittelt wird. Dazu sind entsprechende Kriterien und Verfahren zu bestimmen.

- Bei **verhaltens- oder tätigkeitsorientierten Kriterien** steht die Frage im Zentrum, wie gut eine Person das tut, was sie tun soll. Das setzt voraus, dass die Verhaltens- beziehungsweise Tätigkeitsanforderungen genau formuliert sind und dass man das tatsächliche Verhalten der Person beobachten kann.
- Ergebnisorientierte Ansätze fokussieren demgegenüber nicht das Leistungsverhalten, sondern die **Leistungsergebnisse**. Diese Ergebnisse werden mit vorher festgelegten Zielen oder

Messgrößen verglichen. Dabei stellt sich das Problem, die Leistungsergebnisse verursachergerecht auf die Leistungserbringer und/oder auf äußere Einflüsse zurückzuführen, denn die Erreichung eines gegebenen Zieles ist nicht nur von der Leistung der Person abhängig, sondern wird auch durch die äußeren Umstände bestimmt.

Drittens ist die **relative Höhe des variablen Teils** zu bestimmen. Je größer der variable Teil ist, desto stärker ist der finanzielle Anreiz. Um die Variabilität spürbar zu machen, braucht es einen bestimmten minimalen Anteil am Gesamtlohn beziehungsweise in der Gesamtsumme. So ist die Untergrenze wahrnehmungspsychologisch bestimmt. Dabei spielen Branchennormen eine wichtige Rolle. In der öffentlichen Verwaltung macht das variable Gehalt nur einen kleinen Anteil der Gesamtvergütung aus. 5 % mögen hier bereits eine große Aufmerksamkeit gewinnen. Investmentbanker und Verkäufer lässt dies kalt. Die Obergrenze wird durch die kontraproduktiven Wirkungen eines zu hohen variablen Anteils bestimmt. Wer nur noch seine eigene aktuelle Leistungsprämie im Kopf hat, vergisst seine Kollegen, vernachlässigt die Kundenbedürfnisse und denkt nicht an Morgen. Zwischen der wahrnehmungspsychologischen Untergrenze und der kontraproduktiven Obergrenze ist die relative Höhe des variablen Teils im Wesentlichen durch den Handlungsspielraum (je größer der Handlungsspielraum, desto größer der variable Teil) und die individuelle Risikoaversion des Arbeitnehmenden (je größer die Risikoaversion, desto kleiner der variable Teil) bestimmt.

Das vierte Gestaltungselement des Systems bildet die **Ermittlung und Bezahlung des Leistungslohns**. Dabei geht es darum, den Verlauf der Lohnkurve (proportional, degressiv, progressiv), den zeitlichen Abstand zwischen Leistung und Belohnung und die Auszahlungsart festzulegen (cash oder Beteiligungspapiere).

3.3 Probleme

Variable Löhne im Allgemeinen und Leistungslöhne im Besonderen sind heute im Trend, sowohl betrieblich, als auch in der öffentlichen Diskussion. Hier überlagern sich betriebswirtschaftliche, gesellschaftskritische und verteilungspolitische Diskurse.

Und selbst wenn die Kausalitäten und Zusammenhänge zwischen „Leistung" und „Lohn" nicht so einsichtig oder eindeutig sind, „Leistungs- und Erfolgsorientierte Löhne" sind zumindest eine gute Message. Sie entsprechen dem menschlichen Bedürfnis nach Anerkennung individueller Leistung und nach gemeinschaftlicher Verteilung von kollektivem Erfolg.

Was aber, wenn

- in Ermangelung anderer Feedbacks oder erfüllender Arbeit der Lohn zum einzigen Anerkennungsmittel wird?
- sich die Ermittlung des variablen Vergütungsanteils zwar an der individuellen Leistung orientiert, die Bezahlung über Beteiligungspapiere aber mit der Entwicklung auf den Aktienmärkten verbunden ist, womit dann letztlich der erzielte Lohn vom Aktienmarkt und nicht mehr nur von der individuellen Leistung abhängt?
- der variable Teil so selbstverständlich wird, dass ein Unternehmen bei einer allfälligen Reduktion frustrierende Effekte zu gewärtigen hat, weshalb auf eine Reduktion verzichtet wird und der variable Teil dadurch faktisch fix wird?
- Menschen Geldprämien so wichtig finden, dass sie ihren eigenen Wert mit dem der Prämie verwechseln?
- die Spreizung der Löhne so zunimmt, dass es bei der innerbetrieblichen Lohnverteilung einige Gewinner und viele Verlierer gibt?
- in Budgets Leistungsprämien definiert werden, bevor die Betroffenen überhaupt zur Leistung ansetzen?

Offenbar haben auch Leistungslöhne eine Kehrseite. Es gibt verschiedene „**Risiken und Nebenwirkungen**".

Ein erstes Problem betrifft die **Messgrößen**. Leistungslohnsysteme verführen die Menschen dazu, sich in ihren Tätigkeiten auf das zu konzentrieren, was über die entsprechenden Messgrößen belohnt wird. Tätigkeiten, die sich nicht in diesen Messgrößen niederschlagen, werden vernachlässigt. Man nennt dies das „**Multitasking-Problem**". Wer nur für die Menge belohnt wird, vernachlässigt die Preise, wer für Erträge honoriert wird, übersieht die Risiken und wer für das Heute bezahlt wird, denkt nicht an Morgen. Dies ist das inhaltliche Problem von Messgrößen. Daneben gibt es noch ein zeitliches Problem. Märkte, Technologien und Konkurrenten, aber auch die eigenen Erfahrungen, Ziele und Ressourcen verändern sich permanent. Das zwingt zur laufenden Anpassung der relevanten Messgrößen. Zudem gibt es einen **Time-lag** zwischen Anstrengung und Resultat: Heutige Investitionen führen zu einem künftigen Ertrag, momentane Mühen zu späteren Chancen. Zur Überbrückung zwischen der heutigen Anstrengung und dem morgigen Resultat braucht es Ersatzindikatoren, Meilensteine, Zwischenziele.

Die **Selbstselektion** bildet ein zweites Problem. Leistungslohnsysteme sollen mit finanziellen Anreizen motivieren. Dies zieht extrinsisch motivierte Einkommens-Maximierer (Frey, 2000) besonders an. Führungskräfte und Mitarbeitende, die man wegen des Geldes gewonnen hat, wird man auch wieder des Geldes wegen verlieren.

Wo Kriterien und Leistungsergebnisse nicht eindeutig sind, stellen sich **Beurteilungsprobleme**. Sind die Leistungen nicht klar messbar, sondern Gegenstand des Ermessens einer Beurteilungsinstanz, dann lernen die Menschen, dass nicht die Leistung wichtig ist, sondern die Beurteilungsinstanz. Sind Kriterien nicht gegeben, sondern sind sie Verhandlungssache, dann ist die Verhandlung wichtig und nicht die Leistung – und damit je nachdem der Bluff, die Manipulation und die Täuschung. Bei der Zielvereinbarung wird man zum Tief- und bei der Zielerreichung zum Hochstapler. **„Ratchet-Effekt“** heißt die wiederholte über die individuelle Lernkurve hinausgehende Erhöhung der Soll-Leistung, nachdem diese in der Vorperiode übertroffen wurde.

Ein ganzes Bündel von Risiken und Nebenwirkungen ergibt sich in Bezug auf die **Leistungsmotivation**, zum Beispiel:

- **kontraproduktive Verhaltenseffekte:** Chirurgen, die nach der Zahl erfolgreicher Operationen bezahlt werden (Stücklohn), wollen keine schwierigen Fälle. Der Garagenbetreiber, der sein Geld mit Reparaturen verdient, ist an vielen Defekten interessiert;
- **Verdrängung der intrinsischen Motivation**: Die Einführung eines Lohnes für eine Leistung, die ursprünglich aus Freude an

der Arbeit verrichtet wurde, kann dazu führen, dass dieselbe Arbeit später nur noch gegen Bezahlung erbracht wird, mit dem Effekt, dass jetzt Leistungen erkauft werden, die vorher „gratis" erbracht wurden;

- **Frustrationseffekte**: Sie entstehen, weil es trotz hoher subjektiver Anstrengung keine Vergütung gibt, weil Mittel ausblieben, Konkurrenten fusionierten oder das Know-how fehlte. Strategien haben zudem inhärente Risiken und unterliegen externen Einflüssen, die sich nicht im Handlungsbereich der Person befinden, was ebenfalls frustrierend wirken kann;
- **negative Teameffekte**: Wenn mit individuellen Leistungsprämien Egoismen gezüchtet werden, die der Kohäsion im Team und dem Austausch von Wissen im Wege stehen, kann dies die Teamleistung negative beeinflussen.

Zudem gibt es eine ganze Reihe von „**Betriebsproblemen**":

- finanzielle Anreize haben einen **Sättigungseffekt.** Zur Erreichung der gleichen Wirkung braucht es eine immer höhere „Dosis";
- die Kriterien müssen präzise sein, die wesentlichen Aufgaben eines Jobs abbilden und frei sein von unkontrollierbaren Einflüssen. Hinzu kommen Transparenz, Nachvollziehbarkeit und Fairness. Das stellt hohe Anforderungen ans Definieren, Messen und Belohnen und führt zu hohen Kosten für die Einführung, den Betrieb und die Kontrolle des Lohnsystems. Im Vergleich zu Festlohnsystemen sind Leistungslohnsysteme insgesamt also **anspruchsvoller und damit auch teurer**;
- Führungskräftewechsel und strategische Änderungen machen ein verursachergerechtes **Zuordnen der Leistungsergebnisse** schwierig.

Bei der **Einführung eines Leistungslohnsystems** gilt es ferner zu beachten, dass variable Löhne bei den Betroffenen eine andere Risikoeinstellung bedingen als Festlöhne. Ein Wechsel des Lohnsystems kann durch die Neuartigkeit und Unsicherheit bezüglich der Lohnhöhe zu Ängsten führen und dadurch Widerstände hervorrufen.

Lowery/Petty/Thompson (1996) fragten **Führungskräfte, was sie an Leistungslöhnen schätzen**. Diese nannten:

1. auf der Basis von Leistung beurteilt zu werden;
2. über Ziele zu verfügen;
3. einen Anreiz für höhere Leistung zu bekommen;
4. die Bezahlung.

Auf die Frage, was sie an den Leistungslöhnen **nicht schätzen**, nannten sie:

1. die schlechte Qualität der Ziele;
2. zu viel Papier, Formularkram;
3. mangelnde Fairness;
4. zu wenig Einflussmöglichkeit;
5. tieferer Grundlohn.

Die Leistung per se, das Feedback, die Qualität der Ziele und die Fairness scheinen demnach wichtiger zu sein als „the money", das heißt, die monetäre Kompetente. Es gibt also Anreize, die bedeutender als Geld sind – auch bei Leistungslöhnen. Bei Leistungslöhnen geht es um Anerkennung von Leistung und dann um Lohn, nicht umgekehrt.

Je komplexer die Aufgabe ist (Multitasking), je schwieriger die Leistung zu messen ist, je ausgeprägter die intrinsische Motivation ist, je größer die Risikoaversion der Betroffenen ist, je teamorientierter die Zusammenarbeit ist und je mehr die Leistung durch äußere Einflüsse bestimmt ist, desto nachteiliger sind individuelle Leistungslöhne.

3.4 Immaterielle Belohnungen

Im Rahmen des Schweizer Human-Relations-Barometers wurden 2008 1.443 Beschäftigte aus der deutsch- und französischsprachigen Schweiz nach den Beweggründen zum Wechsel des Arbeitgebers befragt. Wie in Abbildung 27 dargestellt, gaben diejenigen, welche in den vergangenen 12 Monaten das Unternehmen wechselten, als primäre Gründe für den Wechsel an (Grote & Staffelbach, 2009): Aufgabeninhalt, Betriebsklima, Karriereplanung, Work-Life-Balance, Führungsstil und Arbeitsplatzsicherheit. Erst anschließend wurde der Lohn genannt. Menschen suchen mit ihrer Arbeit also nicht nur Lohn, sondern sie möchten auch Perspektiven, Erfüllung und Sicherheit und sie möchten sich wohl fühlen.

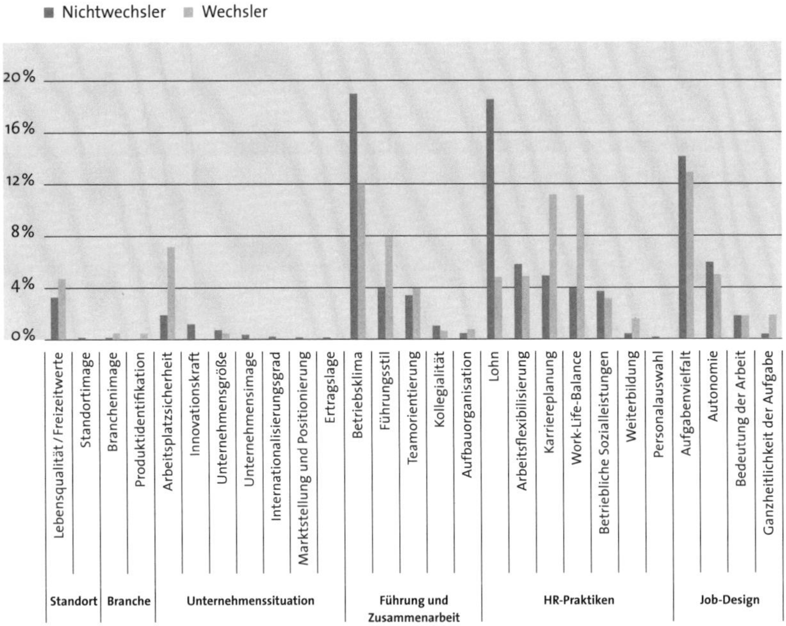

Abbildung 27: Gründe zum Unternehmenswechsel (Grote & Staffelbach, 2009, S. 61) (dunkelgrau = Nichtwechsler: Personen die angeben, dass sie aus diesen Gründen das Unternehmen wechseln würden; hellgrau = Wechsler: Personen, die angeben, dass sie aus diesen Gründen in den letzten 12 Monaten das Unternehmen tatsächlich gewechselt haben).

Immaterielle Anreize haben damit eine große Bedeutung, vor allem soziale Anreize und Anreize, die der Arbeit selbst und der Unternehmensorganisation entspringen. In Abbildung 27 sind als Beispiele genannt: Aufgabenvielfalt, Autonomie, Führungsstil und Teamorientierung, Betriebsklima, Work-Life-Balance und Arbeitsflexibilisierung, Aufstiegs- und Karrierechancen,

Lebensqualität und Freizeitwerte, sowie Arbeitsplatzsicherheit. Die im Rahmen der **Arbeit sich bietenden Anreize** (Spielräume, Zeiten, Inhalte usw.) sind eng mit der betrieblichen Organisation verbunden. Soziale Anreize (Kollegen und Kolleginnen, Führungsstil, Klima usw.) sind Ausdruck der Organisationskultur und Anreize, die mit **dem Unternehmen verbunden sind** (Arbeitsplatzsicherheit, Standort usw.), gründen in der Unternehmensstrategie.

Ein aus ökonomischer Sicht besonders günstiges Preis-Leistungs-Verhältnis bieten **Auszeichnungen** (Frey, 2006). Ihre Herstellung ist billig, weshalb sie für Unternehmen mit eingeschränkter Liquidität bedeutsam sind (z.B. Militär), sie wirken über die sozialen Bedürfnisse der Menschen nach Anerkennung, Status und Prestige (z.B. Nobelpreis) und sie können – entsprechend inszeniert – signalisieren, was dem Verleiher wichtig ist (z.B. „Verkäufer des Jahres“, „Mitarbeitende des Monats“). Voraussetzung ist allerdings, dass sie nicht inflationär verliehen werden, da sie sonst ihren symbolischen Wert verlieren, und dass sie kompatibel sind mit den anderen Elementen des Anreizsystems sind beziehungsweise diese nicht unterwandern.

Teil

5

Führung und Führungsstil

„This is a story about four people named Everybody, Somebody, Anybody and Nobody. There was an important job to be done and Everybody was asked to do it. Everybody was sure Somebody would do it. Anybody could have done it but Nobody did it. Somebody got angry about that because it was Everybody's job. Everybody thought Anybody could do it but Nobody realized that Everybody wouldn't do it. It ended up that Everybody blamed Somebody when Nobody did what Everybody could have done." (Doppler & Lauterburg, 1994, S. 58)

Schlüsselbegriffe des fünften Teils

Führungsfunktionen
Institutionelle und persönliche Führung
Eigenschaftstheorie – Persönlichkeitsmerkmale
Kompetenzen
Verhaltenstheorie – Führungsstile
Management und Leadership
Aufgabenorientierung und Personenorientierung
Situationstheorie – Situationsbedingungen
Situativer Führungsstil
Führungskultur
Hierarchie-, Markt-, Clankultur
Mechanismen Kulturprägung

1 Was heißt Führung?

Vorgesetzte übernehmen sie, Assistentinnen und Assistenten. Seit es Gruppen, Clans und Stämme gibt, passiert sie. Man findet sie in Firmen, Vereinen und Familien. Dafür würde er mehr bezahlen als für alles andere auf der Welt, wird John D. Rockefeller nachgesagt. Es geht um Führung.

1.1 Funktionen

Es gibt **viele Arten und Formen von Führung**, zum Beispiel:

- Führung im organisatorischen Sinn, verstanden als diejenigen Organe und Personen, die führen, oder Führung im funktionellen Sinn, das heißt Führung als Führungstätigkeit, wobei man diese mehr als Menschenführung oder Führungstechnik verstehen kann;
- die Führung in der Politik, in der Wirtschaft, in Vereinen oder in der Armee;
- die normative Führung, bei der es um Prinzipien, Werte und Normen geht, oder die strategische Führung, wo der Aufbau, die Pflege und die Nutzung von Erfolgspotenzialen im Zentrum stehen;
- die Konzern-, die Geschäfts-, die Bereichs- und/oder die Projektführung;
- eine zentralistische oder dezentrale, eine kooperative oder autoritative, eine standardisierte oder individualisierte, eine Face-to-face-Führung oder eine Führung auf Distanz.

Die Forschungs- und Praxisliteratur zur Führung ist reich an Diskussionen über Akteure und Merkmale, Aktivitäten und Prozesse, Bedingungen und Folgen von Führung. Geht man dabei der fundamentalen Frage nach, warum es Führung überhaupt braucht und worum es dabei im Wesentlichen geht, so gibt es in Anlehnung an Wilfred H. Drath et al., (2008) vom Center for Creative Leadership, einem der weltweit führenden Institute für Führungsforschung und -training, **drei Gründe für Führung**. Erstens haben Menschen verschiedene Präferenzen und damit unterschiedliche Vorstellungen davon, was nützlich ist und was nicht. Für gemeinsame Projekte gilt es sie deshalb zu gewinnen und zu motivieren, damit sie sich für kollektive Ziele engagieren. Zweitens ist die Welt offen. Es ist nicht alles vorhersehbar und berechenbar. Darum sind Pläne und Entscheide laufend anzupassen und Aktivitäten, die sich daraus ergeben, zu koordinieren und zu dirigieren. Und wenn – drittens – die Handlungslage für die Beteiligten komplex ist, weil diese gleichzeitig mehrere Ziele verfolgen, weil die Wirkungen ihrer Taten zeitverzögert eintreten und weil sich die Welt nicht wie ein Diapositiv in den Köpfen der Akteure abbildet, sondern diese sich ihre eigene Sicht der Handlungswelt machen müssen, dann stellt sich die Frage nach Orientierungen, Ordnungen und Prioritäten.

Führung hat damit drei Funktionen. Führen heißt,

- unterschiedliche Menschen in einem Unternehmen auf gemeinsame Auffassungen, Ziele und Pläne hin auszurichten (**Motivationsfunktion**),
- steuernd einzugreifen und erforderliche Tätigkeiten zu initiieren (**Koordinationsfunktion**) und
- Wert- und Sinnzusammenhänge zu schaffen und Komplexität zu reduzieren (**Orientierungsfunktion**).

Je größer der Orientierungs-, Motivations- und Koordinationsbedarf ist, desto wichtiger wird Führung. Führen ist ein menschlicher Aktivitäts- und Erfahrungsbereich wie Arbeiten oder Lernen. Und selbst wenn in der betrieblichen Arbeitsteilung die Führungsaufgaben ungleich verteilt sind und sie formell vor allem den Führungspersonen zugewiesen werden, so schließt das nicht aus, dass auch die Geführten führen: sei es mit Ideen, mit Beziehungen oder mit Druck.

1.2 Institutionelle und persönliche Führung

Die Orientierungs-, Motivations- und Koordinationsfunktion von Führung kann über zwei verschiedene Formen geschehen. Von **institutioneller oder indirekter Führung** spricht man, wenn die Orientierungs-, Motivations- und Koordinationsfunktion über Institutionen erfolgen, zum Beispiel über die Unternehmensorganisation oder durch die Unternehmenskultur (etwa mit Richtlinien, Programmen, Plänen, Arbeitsorganisationen, Anreizsystemen).

Bei der **persönlichen oder interaktionellen Führung** erfolgt die Orientierungs-, Motivations- und Koordinationsfunktion in der direkten Beziehung zwischen Führenden und Geführten, zum Beispiel durch Vorbild, Information, Bitte oder Befehl.

Institutionelle und persönliche Führung stehen in substitutiver und in sich ergänzender Beziehung zueinander. Je klarer die Aufgaben, Kompetenzen und Verantwortlichkeiten in der Organisation, je kohäsiver die Arbeitsgruppen, je stärker die Unternehmenskultur, je motivierender die Aufgaben und/oder je qualifizierter die Mitarbeiterinnen und Mitarbeiter. Und je berechenbarer die Umweltbedingungen sind, desto geringer ist der Bedarf an persönlicher Führung. Die Organisation, die Kultur und die Qualifikationen werden zu Substituten persönlicher Führung. Sie entlasten die Führungspersonen und reduzieren entsprechende Führungskosten. Umgekehrt steigt die Bedeutung der persönlichen Führung beispielsweise dann, wenn die Organisation neu und die Arbeitsgruppen nicht eingespielt sind, wenn die Standards der Unternehmenskultur schwach ausgeprägt, die Aufgaben neu, komplex oder riskant und die Beschäftigten unter Druck sind oder wenn die Situation volatil und unberechenbar ist.

Unternehmenszusammenschlüsse, Spin-offs, Krisen, Restrukturierungen oder Entlassungen rufen in diesem Sinne nach einem höheren Maß an persönlicher Führung. Demgegenüber dominieren in ruhigeren Zeiten „Autopiloten". Dazu gehören etwa die Werte und Normen der Unternehmenskultur, Standards von Aufgabenbeschreibungen und Ablaufplänen und die innere Motivation der Beschäftigten.

Auf der Ebene der Unternehmensführung vereinigen sich institutionelle und persönliche Führung. Von dort erfolgen die Führungswirkungen nicht nur durch persönliche Einflussnahme, sondern auch über die Hebel der Organisations-, Kultur- und Führungsentwicklung und durch das Setzen von Anreizsystemen. So ist erklärbar, warum in einer Untersuchung bei SIEMENS Deutschland (Grosse-Oetringhaus, 1993, S. 273) der Unterschied zwischen den Produktivsten und den Unproduktivsten auf der Ebene der ausführenden Arbeit 2 zu 1 betrug, auf der Ebene der Gruppenführung 6 zu 1, auf der nächst höheren Ebene der Vertriebsbeauftragten 14 zu 1 und auf der Ebene der strategischen Führung von Geschäftseinheiten 20 zu 1. Je höher also die hierarchische Ebene ist, desto mächtiger werden die Führungswirkungen – und desto wichtiger wird die Entscheidung, wer die entsprechenden Führungspositionen besetzt. Das führt zu der Frage, welches die Voraussetzungen sind, die Führungspersonen mitbringen sollten.

2 Führungspersonen

Führungspersonen tragen und prägen die Führung. Seit Langem wird deshalb danach gesucht, welches die persönlichen Merkmale sind, die erfolgreiche Führungspersonen auszeichnen. Bereits die griechische Antike befasste sich mit dieser Frage. Sie postulierte ein **Quartett von Kardinaltugenden**:

- die Klugheit oder die Fähigkeit, die richtigen Pläne und Mittel zu finden, und die Pflicht, zuerst eine richtige Lagebeurteilung zu machen,
- die Gerechtigkeit oder das Vermögen zur Recht- und Verhältnismässigkeit,
- die Tapferkeit und den Mut (nicht Übermut) im Sinne von Zivilcourage und Selbstverpflichtung und
- das Maß (nicht Mittelmaß) zur Selbstbeherrschung und die Fähigkeit zur richtigen Selbsteinschätzung.

Die moderne Führungsforschung versucht mit Befragungen, Korrelationsanalysen, Auswertungen von Biographien und mit Langzeitstudien herauszufinden, welche individuellen Attribute in Form von Charaktermerkmalen, Motiven, Erwartungen, Fähigkeiten und Erfahrungen dazu führen, dass Führungspersonen Erfolg oder Misserfolg haben. Dabei werden zwei Arten von Attributen unterschieden: **Eigenschaften** einerseits und **Kompetenzen** andererseits.

2.1 Eigenschaften: Persönlichkeitsmerkmale

Eigenschaften sind Persönlichkeitsmerkmale. Die Abbildung 28 zeigt dazu ein Beispiel. Es sind die 20 Merkmale eines idealen

Chief Executive Officers (CEO), wie sie Harry Levinson 1980 im *Harvard Business Review* skizzierte. Wie kann man erkennen, welche Persönlichkeitsmerkmale für die Führung relevant sind? Methodisch bieten sich dazu zwei Wege an:

- **Empirisch-induktiv**: Hier untersucht man die Zusammenhänge zwischen bestimmten individuellen Merkmalen und ihren Führungswirkungen. Die Befunde werden dann zu Aussagen darüber verdichtet, welche Merkmale besonders wichtig sind. Gary S. Yukl, Autor des führenden Lehrbuches zu „Leadership", fasste die Forschungsergebnisse der letzten Jahrzehnte zusammen (Yukl, 2006, S. 189–196). Demnach sind es vor allem die folgenden Persönlichkeitsmerkmale, die für den Führungserfolg relevant sind:
  - Energieniveau, Durchhaltevermögen und Stresstoleranz (mental und physisch),
  - Selbstsicherheit und -vertrauen (nicht Selbstüberschätzung, Überheblichkeit);
  - Eigenbestimmung;
  - emotionale Stabilität und Reife (Gegenteil: Narzissmus);
  - persönliche Integrität (sagen, was man tut, und tun, was man sagt);
  - Führungswille;
  - kontrollierte Leistungsorientierung;
  - soziale Eigenständigkeit.
- **Theoretisch-deduktiv**: Von einer Theorie oder von einem Modell ausgehend werden relevante Persönlichkeitsmerkmale abgeleitet. Ein Beispiel dafür ist das sogenannte Fünf-Faktoren-Modell der Persönlichkeit (the „Big Five"), welches von fünf Persönlichkeitsdimensionen ausgeht: Extraversion, Verträglichkeit, Gewissenhaftigkeit, emotionale Stabilität und Offenheit für Erfahrungen (z. B. Costa & McCrae, 1992; Goldberg, 1992). Daraus werden dann spezifische Führungseigenschaften konkretisiert.

Denkweise
- Fähigkeit, abstrakt zu denken und Dinge auf den Punkt zu bringen, zu organisieren und unterschiedliche Daten in einen zusammenhängenden Bezugsrahmen zu integrieren;
- Toleranz gegenüber der Ambivalenz – kann Konfusionen meistern, bis sich die Dinge aufklären;
- Intelligenz – ist nicht nur abstrakt, sondern auch praktisch begabt;
- Urteilsvermögen – weiß, wann gehandelt werden muss;

Gefühle und Beziehungen
- Autorität – hat das Gefühl, in eine Führungsrolle hineinzugehören;
- Aktivität – Orientierung an Problemen und Bedürfnissen des Unternehmens;
- Leistungsbewusstsein – Orientierungsrahmen ist der Unternehmenserfolg, nicht das Streben nach persönlichem Fortkommen;
- Sensibilität – besitzt die Fähigkeit, Gefühlsschwankungen anderer wahrzunehmen;
- Engagement – sieht sich selbst als aktiv partizipierendes Mitglied der Organisation;
- Persönliche Reife – hat gute Beziehungen zu Vorgesetzten;
- Interdependenz – die angemessenen Abhängigkeitsbedürfnisse anderer werden genauso akzeptiert wie die eigenen;
- Artikulationsvermögen – vermittelt einen guten Eindruck;
- Durchhaltevermögen – besitzt physische und geistige Energie;
- Anpassungsfähigkeit und Standvermögen bei Stress;
- Sinn für Humor – nimmt sich selbst nicht zu ernst;

Verhaltensweisen
- Weitblick und Vorstellungskraft – ist sich im Klaren über sein Leben, seine Karriere und die Richtung, die das Unternehmen einschlagen soll;
- Beharrlichkeit – ist in der Lage, eine Aufgabe zu Ende zu bringen, auch wenn Schwierigkeiten auftauchen;
- Systematik – hat eine gute Zeiteinteilung;
- Integrität – besitzt ein solide aufgebautes, bereits erprobtes System von Wertvorstellungen;
- Soziale Verantwortung – gesteht das Bedürfnis nach einer Führungsrolle ein, respektiert aber auch die sich daraus ergebende Verantwortung.

Abbildung 28: Eignungsanforderungen an Chief Executive Officers (Levinson, 1980, S. 114–118)

Die Suche nach führungsrelevanten Eigenschaften mündet in die sogenannte **Eigenschaftstheorie der Führung**. Hier wird angenommen, dass die (Miss-)Erfolgsvoraussetzungen für die Führung in den Eigenschaften der Führungspersonen liegen. Diese Auffassung kommt der menschlichen Neigung nach Personalisierung entgegen. Dementsprechend spielt eigenschaftstheoretisches Denken in der Praxis eine große Rolle, zum Beispiel bei der Führungspersonenauswahl, -beurteilung und -entwicklung oder in der direkten Führung. Bei der direkten Führung ist der Führungserfolg unter anderem davon abhängig, dass die Mitarbeiterinnen und Mitarbeiter Vertrauen in ihre Vorgesetzten haben, dass die Führungspersonen Vorbilder sind und mit ihrem Beispiel vorangehen. Für das Vertrauen wie für das Vorbild sind die persönlichen Eigenschaften Integrität, Berechenbarkeit und Glaubwürdigkeit wichtige Grundlagen.

Für die Forschung hingegen ist die Eigenschaftstheorie limitiert, denn die mit den Eigenschaften bezeichneten menschlichen Qualitäten sind interpretationsbedürftig und sie beeinflussen sich wechselseitig. Zudem ist der Führungserfolg ja nicht nur von den Persönlichkeitsmerkmalen der Führenden allein abhängig, sondern auch von ihrer Motivation, von den Geführten, vom Schwierigkeitsgrad der Aufgabe und vom Wissen und Können der Führungspersonen. Das führt zu der Frage nach den Qualifikationen, die Führungspersonen brauchen.

2.2 Kompetenzen: Wissen und Können

Beim Schachspiel steigt die Kompetenz eines Schachspielers mit der Zahl seiner gespielten Partien. Regelwissen und Praxiserfahrungen führen zu Können. Mit der Führung verhält es sich ähnlich. Im Volksmund heißt es: „Übung macht den Meister“. Was ist es aber, das Führungspersonen qualifiziert?

In den Sprachwelten der verschiedenen Unternehmen werden die Führungskompetenzen sehr vielfältig umschrieben. Eigenschaften, Wissen und Können lassen sich auch nicht immer klar trennen. Das Unternehmen ABB definiert die Kompetenzen für seine Führungspersonen u. a. wie folgt: Vision, Umgang mit Veränderungen, Kommunikations- und Konfliktfähigkeit,

Motivation, Ressourcenförderung. Für die Führungspersonen einer Schweizer Bank sind unter anderen folgende Qualifikationsanforderungen wichtig: unternehmerisches Denken, Helicopter View, Vorbildlichkeit, Engagement, Kommunikationsbereitschaft, Fach- und Managementwissen. Versucht man diese begriffliche Vielfalt zu bündeln und zu kategorisieren, so lassen sich in Anlehnung an Robert Katz (1955) **drei Kompetenztypen** bilden:

- **Sozialkompetenz**: Sie bezieht sich vor allem auf die menschliche Dimension der Führung, bei der es darum geht, Menschen unternehmensintern auf gemeinsame Ziele hin zu gewinnen und auszurichten, und ein Unternehmen, einen Bereich oder ein Projekt nach außen zu vertreten. Dazu gehören Qualifikationen, die mit Menschen, mit Verstehen, mit Kommunizieren und mit Beziehungsaufbau und -pflege zu tun haben.
- **Methodenkompetenz**: Sie bezieht sich insbesondere auf führungstechnische Fragen des Beurteilens von Situationen, des Planens, Entscheidens und Steuerns im Kontext von Systemen, Strukturen und Prozessen. Dazu gehören Qualifikationen, die mit Ideen und Konzepten, mit Erkennen, Denken und Lernen zu tun haben.
- **Fachkompetenz**: Sie bezieht sich vor allem auf die inhaltliche Dimension der Führung, in der es um die Lösung von Problemen in einem Projekt-, Funktions- oder Geschäftsbereich geht. Dazu gehören Qualifikationen, die mit dem Kennen von Dingen und Sachverhalten im weitesten Sinne zu tun haben.

Bestimmte persönliche Eigenschaften und qualifiziertes Wissen und Können sind notwendige Bedingungen, damit eine Führungsperson auf Dauer erfolgreich sein kann. Entscheidend ist aber letztlich nicht, wie eine Führungsperson ist, sondern wie sie agiert. Damit beschäftigen sich die Theorien zum Führungsverhalten.

3 Führungsverhalten

„Was soll ich tun?" war für Immanuel Kant die Schlüsselfrage der Ethik. Für die Führungsforschung ist sie Ausgangspunkt für alle Ansätze, die das Verhalten von Führungspersonen untersuchen. Der praktischen Frage „Was soll ich tun, um erfolgreich zu führen?" kann also die wissenschaftliche Frage „Wie kann das Verhalten von Führungspersonen beschrieben und erklärt werden?" gegenübergestellt werden. Gesucht sind „Strickmuster" erfolgreichen Führungsverhaltens.

3.1 Was tun Führungspersonen?

Will man beschreiben, was Führungspersonen den lieben langen Tag tun, braucht es entsprechende **Tätigkeitskataloge**. Gary Yukl (2006, S. 43) unterscheidet beispielsweise vier Kategorien von Aktivitäten: developing and maintaining relationships, exchanging information, decision making, influencing. Und Henry Mintzberg (1973) entwickelte eine Taxonomie von verschiedenen (Führungs-)Rollen, in der er drei Rollen- bzw. Aktivitätsbündel unterschied: Interpersonelle Rollen (Repräsentant, Leader, Koordinator), informationelle Rollen (Sprecher, Informationssammler und -verteiler) und Entscheidungsrollen (Unternehmer, Krisenmanager, Ressourcenzuteiler, Verhandlungsführer).

Mit solchen Tätigkeitskatalogen lassen sich die **Aktivitätsmuster von Führungspersonen** erfassen. Im Gefolge von strategischen Ereignissen lassen sich Veränderungen in diesen Aktivitätsmustern verfolgen oder Unterschiede zwischen verschiedenen Führungsebenen analysieren. Solche Tätigkeitsanalysen geben aber keine Antwort auf die Frage, ob die Aktivitäten auch sinnvoll, wichtig und effizient sind. Im Gegenteil: Wie Gary Yukl (2006, S. 23 ff.) in einer Auswertung der empirischen Forschung darlegt, sind Führungspersonen im Durchschnitt alles andere als wohl geplant, strukturiert und organisiert. Sie stehen pausenlos unter hektischem Zeitdruck und die Hälfte ihrer Aktivitäten dauert weniger als neun Minuten, was bedeutet, dass ihre Arbeit sehr fragmentiert ist. Diese Fragmente werden reaktiv und nicht als Bestandteil eines prospektiven Planes bearbeitet und die Zeit zur gründlichen Reflexion fehlt. Kommunikationen, vor allem mündliche, erfolgen mehr mit Anderen (Kunden, Kollegen, Vorgesetzte) als mit den eigenen Mitarbeiterinnen und Mitarbeitern. Planungen sind nicht formale Prozesse, sondern ereignen sich und Entscheidungen werden zerstückelt, emotional und mikropolitisch getroffen. Wichtige Veränderungen sind die Folge der Hartnäckigkeit von einzelnen Personen und nicht das Ergebnis von strategischen Planungen und Wegleitendes wird abseits von formellen Strukturen und Prozessen entschieden.

In dieser chaotischen, stressigen und hektischen Führungswelt sucht die Praxis nach Mittel und Möglichkeiten, die Komplexität zu reduzieren und das Führen einfacher zu gestalten. Eine mögliche Rezeptur dafür sind die sogenannten **„Management by …"-Techniken**. Beispiele dafür sind:

- **Management by Objectives**: Führung durch Zielvorgabe oder durch Zielvereinbarung;
- **Management by Exception**: Führung durch Abweichungskontrolle und Eingriff nur im Ausnahmefall;
- **Management by Delegation**: Führung durch Delegation von Aufgaben, Befugnissen und Verantwortung.

Dabei handelt es sich um normative Prozeduren, welche das Führungshandeln durch Standardisierung bestimmter Methoden und Konzentration auf selektive Grundmuster vereinfachen sollen.

Versucht man allerdings das Grundmuster im Verhalten von Führungspersonen nicht einfach mit solchen Techniken normativ zu regeln, sondern zuerst einmal deskriptiv zu beschreiben und die besonderen Gestaltungs-, Ausdrucks- und Verhaltensweisen in der Führung zu erkennen, so heißt das mit anderen Worten, dass man den sogenannten Führungsstil sucht.

3.2 Führungsstile

In der Realität sind Führungsstile sehr vielfältig und facettenreich. Um einen Überblick zu gewinnen, kann man **verschiedene Stiltypen** unterscheiden. Edwin Rühli (1992) unterscheidet je nach Differenzierungsgrad zwischen ein-, zwei- und mehrdimensionale Typisierungen.

Die in Abbildung 29 dargestellte Gegenüberstellung zwischen autoritärem und kooperativem bzw. partizipativem Führungsstil ist ein Beispiel für eine **eindimensionale Typisierung**. Zwischen den dichotomen Ausprägungen „autoritär" und „kooperativ" bestehen kontinuierliche Übergänge. Die Qualifizierung erfolgt entlang *einer* Dimension: wer vom Vorgesetzten und den direkt Unterstellten wie viel zu sagen hat.

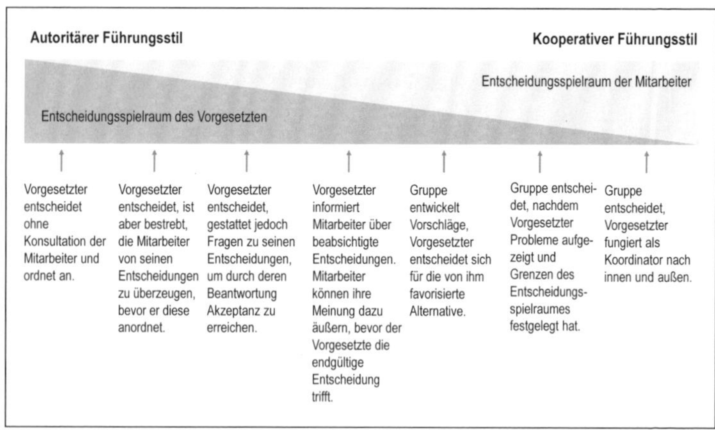

Abbildung 29: Kontinuum zwischen autoritärer und kooperativer Führung (nach Robert Tannenbaum & Warren Schmidt, 1958)

Zweidimensionale Typisierungen charakterisieren Führungsstile gleichzeitig nach den Dimensionen Aufgabenorientierung und Personenorientierung, wobei je nach Literatur und Forschungsgruppe die Wortwahl variiert. So wird **Aufgabenorientierung** etwa mit „goal achievement", „task behavior", „task functions", „task leader", „concern for production", „production centered", „initiating structure" oder „locomotion" umschrieben und die **Personen- oder Beziehungsorientierung** mit „group maintenance", „cohesiveness", „relationship behavior", „concern for people", „employee centered", „consideration", „group building functions" oder „socioemotional leader". Die

Aufspaltung des Führungsverhaltens auf diese beiden Dimensionen geht auf Forschungen an der Ohio State University zurück. Um zu bestimmen, inwieweit Führungspersonen aufgaben- bzw. personenorientiert führen, wurden Fragebogen entwickelt, um das Führungsverhalten aus Sicht der Geführten erfassen zu können („Leader Behavior Description Questionnaire" (LBDQ) bzw. „Fragebogen zur Vorgesetzten-Verhaltensbeschreibung" (FVVB)). Je nach Ausprägung der beiden Dimensionen werden verschiedene Führungsstile unterschieden. Diese Typisierung kommt zum Beispiel im sogenannten **9×9-„Verhaltensgitter"** von Robert R. Blake & Jane Mouton (1964) zum Ausdruck (vgl. Abbildung 30). Von den theoretisch 81 möglichen Ausprägungen werden die Führungsstile 1/1, 9/1, 1/9, 5/5 und 9/9 näher umschrieben und der Stil 9/9 als Ideal postuliert. Aufgaben- und Mitarbeiterorientierung sind hier nicht ein Entweder-oder, sondern ein Sowohl-als-auch. „Mission first – people too!" formu-

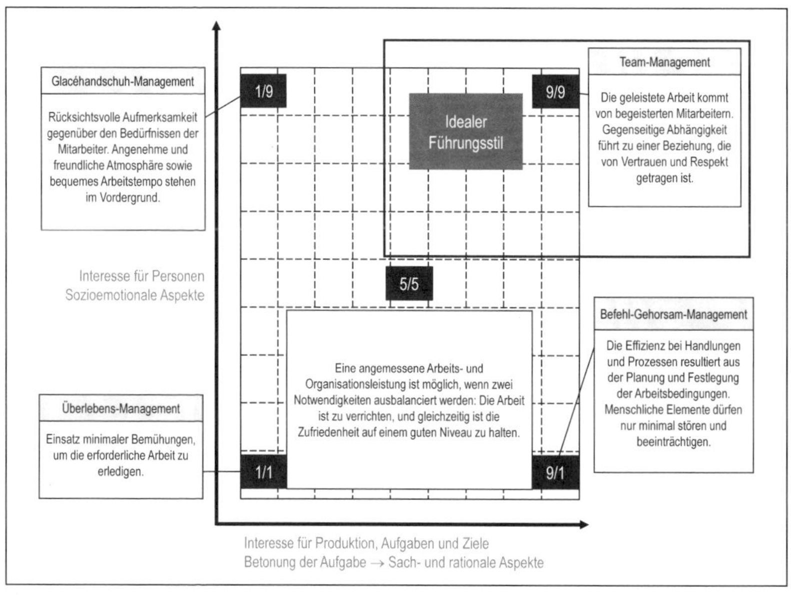

Abbildung 30: „Verhaltensgitter" bzw. „managerial grid" bzw. Führungsstile nach Robert Blake & Jane Mouton (Treier, 2009, S. 307)

lierte dazu einmal ein amerikanischer General, als er von einem Kadetten gefragt wurde, ob die Unterstellten wichtiger seien oder der Auftrag.

Mehrdimensionale Typisierungen differenzieren Führungsstile gleichzeitig nach mehreren Dimensionen: Neben der Machtverteilung zwischen Vorgesetzten und Unterstellten und der Aufgaben- bzw. Beziehungsorientierung im Verhalten der Führungspersonen zum Beispiel auch bezüglich Zentralisation/Dezentralisation, Standardisierung/Individualisierung und/oder hinsichtlich typischer Eigenschaften von Ländern und Kulturkreisen.

Auch der Differenzierung zwischen **Management und Leadership** als spezifische Ausprägungsformen von Führung liegen gleichzeitig mehrere Unterscheidungskriterien zugrunde, vor allem hinsichtlich der Führungsvoraussetzungen, Führungsinhalte, Führungsziele und Führungsmittel. Management und Leadership bilden unterschiedliche Konstellationen ab. In der **Management**-Konstellation ist die Umwelt, die Lage relativ stabil bzw. relativ eindeutig beurteilbar, die Ziele sind im Rahmen von mehr oder weniger klar formulierten Aufträgen gegeben, alternative Handlungsstrategien sind differenziert generierbar und die Resultate und Konsequenzen sind abschätzbar und im gegebenen Gesamtrahmen bewertbar. Das ist die Welt des Managements. Führung wird vor allem mit rationaler Problemlösung, Planung, Kontrolle und der Administration von Transaktionen in Verbindung gebracht. Anders ist die Konstellation in der Welt von **Leadership**: Hier ist die Umwelt instabil, vielfältig, komplex. Ziele lassen sich nicht einfach aus Aufträgen ableiten. Deshalb sind originäre Entscheide und Absichten gefordert. An die Stelle der Entwicklung alternativer Handlungsstrategien tritt zuerst ein Bedarf nach normativen Referenzpunkten und die Resultate bzw. Konsequenzen sind – weil unbestimmt – offen. In der Folge ist Leadership eine Form von Führung, die mehr emotional und auf die Aktivierung und Transformation von Werten und Präferenzen ausgerichtet ist.

Die Suche nach erfolgreichen Führungsstilen mündet in die sogenannten **Verhaltenstheorien der Führung**. Hier wird angenommen, dass die Ursachen für den Führungs-(Miss-)Erfolg im Verhalten der Führungsperson liegt. Diese Auffassung spielt in der Praxis eine wichtige Rolle. In Assessment Centern wird das Verhalten von zu befördernden Führungspersonen evaluiert, in Schulungen werden Führungspersonen auf bestimmte Verhaltensmuster trainiert und viele Beurteilungssysteme für Führungspersonen beinhalten Verhaltenskriterien. Hinzu kommt, dass die Angehörigen eines Betriebes das Verhalten der Führungspersonen unmittelbar spüren. Und wenn die (Miss-)Erfolgsursachen für den Führungs(miss-)erfolg im Verhalten der Führungspersonen gesehen werden können, dann ist im Bedarfsfall auch die Verantwortungsfrage rasch geklärt.

Welches aber ist der richtige **Führungsstil**? Führungsstile werden auch vom Zeitgeist geprägt. Antiautoritäre Zeiten tabuisieren autoritäres Führungsgebaren und Abhängigkeiten zwischen Menschen rufen nach responsivem Führungsverhalten. Welches aber ist betriebswirtschaftlich der optimale Führungsstil? Wer und was bestimmt, welcher Führungsstil richtig ist? 1939 untersuchten Kurt Lewin, Ronald Lippitt & Ralph White erstmals experimentell die Wirkungen von unterschiedlichen Führungsstilen. Die Experimentalanordnung entsprach zwar noch nicht ganz dem heutigen State of the Art von Laborexperimenten. Die Forscher machten die nicht ganz überraschende Beobachtung, dass **autoritäre**, **demokratische** und **laissez-faire-Führung** unterschiedliche Wirkungen auslösten. Bei autoritärer Führung war zum Beispiel das Aggressionsniveau in den geführten Gruppen signifikant höher als bei demokratischer Führung. Demokratisch geführte Gruppen waren hingegen stabiler, hatten ein höheres Commitment und zeigten eine größere Arbeitsmotivation. Dafür erzielten die autoritär geführten Gruppen rascher Ergebnisse.

Das führt zur Frage, welches die erwünschten Wirkungen sind, die als **Zielkriterien** für die Beurteilung der Vorteilhaftigkeit verschiedener Führungsstile heranzuziehen sind. Man könnte auch fragen: Was heißt denn überhaupt Führungserfolg? Dafür gibt es eine ganze „Sammlung" von Antwortmöglichkeiten:

- auf der Ebene der Mitarbeiterinnen und Mitarbeiter z. B. Fehlzeiten, Commitment, Kündigungsrate, Zufriedenheit;
- für die Führungspersonen z. B. Karriere, Einkommen, Prestige;
- im Bereich der betrieblichen Prozesse z. B. Innovationen, Durchlaufzeiten, Prozesskosten, Arbeitsunfälle, organisatorisches Lernen;
- auf der Stufe des Gesamtunternehmens z. B. Wachstum, Kapitalrentabilität, Umsatz, Wettbewerbsfähigkeit.

Die Bestimmung eines optimalen Führungsstils setzt also zuerst einmal voraus, dass vorher klar präzisiert wird, wer die **Kriterien für den Führungserfolg** bestimmt, worin diese Kriterien bestehen und dass diese Kriterien dann bei der Auswahl, Zielvereinbarung, Leistungsbeurteilung, Belohnung, Beförderung und Schulung der Führungspersonen auch konsequent umgesetzt werden.

Doch selbst damit ist ein optimaler Führungsstil noch nicht final bestimmt. Fred E. Fiedler (1967) beobachtete, dass bestimmte Gruppen umso produktiver arbeiteten, je aufgabenorientierter sie geführt wurden, während andere Gruppen umso produktiver waren, je personenorientierter sie geführt wurden. Die Verhaltenstheorien gehen von der Annahme aus, dass der praktizierte Führungsstil den Führungserfolg bestimmt. Wenn aber der gleiche Führungserfolg mit verschiedenen Führungsstilen erzielt wurde, dann sind – wenn man empirische Fehler ausschließen kann – noch andere Faktoren für den Führungserfolg in Betracht zu ziehen: die **situativen Bedingungen** bzw. die Führungssituation.

4 Führungssituation

Führung nimmt je nach Situation eine andere Gestalt an. Die Führungswelt im Operationssaal ist eine andere als die an der Universität oder im Private Banking. Das Bewältigen einer Krise erfordert eine andere Führung als wenn es darum geht, Erfolge zu konsolidieren. Und untere Führungspersonen sind nicht einfach höhere Führungspersonen im Kleinformat. Dazwischen gibt es paradigmatische Unterschiede. Situationstheorien der Führung gehen davon aus, dass es keinen „one best way of management or leadership" gibt. Umgangssprachlich würde man sagen: „Es kommt darauf an!". Aber worauf?

4.1 Situationsbedingungen

Bereits Robert Tannenbaum & Warren H. Schmidt, auf welche die in Abbildung 30 gemachte Unterscheidung zwischen autoritärer und kooperativer Führung zurückgehen, wiesen 1958 (theoretisch) darauf hin, dass der mögliche Kooperationsgrad in der Führung unter anderem von den Eigenschaften der Vorgesetzten, der Ausbildung und Erfahrung der Unterstellten und der konkreten Handlungslage abhängig ist. Und auch für Robert Blake & Jane Mouton (1964) ist die Wahl eines Führungsstils aus ihrem „Verhaltensgitter" von verschiedenen Faktoren abhängig: Unter anderem vom Organisationstyp, von der Arbeitssituation der Beschäftigten und von der Persönlichkeit und den Führungsvorstellungen der Führungspersonen.

Als „Mutter der Situationstheorien" gilt die sogenannte **Kontingenztheorie der Führung** von Fred E. Fiedler (1967). Um herauszufinden, wann welcher Führungsstil (aufgabenorientiert oder personenorientiert) effektiver war, unterschied er günstige und ungünstige Situationen. Eine Situation war für die Führenden umso günstiger, je höher ihre Positionsmacht war, je einfacher die Aufgaben zu koordinieren und zu kontrollieren waren und je mehr Vertrauen und Anerkennung sie bei den Unterstellten genossen. War die Situation besonders günstig oder besonders ungünstig, war ein aufgabenorientierter Führungsstil effektiver, gemessen am Output der Gruppen. Bei mittelmäßiger Günstigkeit der Situation hingegen war ein personenorientierter Führungsstil erfolgreicher. Fred Fiedler erklärte diese Befunde so, dass eine sehr ungünstige Situation eine „straffe Führung an der kurzen Leine" erfordere, wohingegen eine sehr günstige Situation es erlaube, dass sich die Vorgesetzten voll auf ihre Aufgaben konzentrieren können, weil „Lage und Auftrag" klar sind. Beide Konstellationen führten zu einem **aufgabenorientierten Führungsstil**. Demgegenüber bedeute eine Situation mittlerer Günstigkeit Ambivalenz und Unsicherheit. Um hier die Mitarbeiterinnen und Mitarbeiter „ins Boot zu holen", brauche es eine **personenorientierte Führung**.

Für Fred Fiedler waren es also **drei Kategorien von Situationsbedingungen**, welche bestimmten, ob ein aufgaben- oder mitarbeiterorientierter Führungsstil effektiver war: die Positionsmacht des Vorgesetzten (stark oder schwach), die Strukturiertheit der Aufgaben (strukturiert, unstrukturiert) und die Qualität der Beziehung zwischen Vorgesetztem und Unterstellten (gut, schlecht). Daraus ergaben sich acht verschiedene Konstellationen.

Darüber hinaus können aber noch **weitere Situationsfaktoren** in Betracht gezogen werden, zum Beispiel:

- die Schwierigkeit und die Novität der Aufgaben und die damit verbundenen Zeitverhältnisse;
- die Persönlichkeiten, Qualifikationen und Motivationen der beteiligten Menschen und ihre Beziehungen untereinander;
- der organisatorische Kontext (Struktur), der „Geist und Stil des Hauses" (Kultur) und die strategische Lage;
- die räumlichen Gegebenheiten (Telearbeit, örtlich verteilte Organisationen, Globalisierung) und das Internet (mobile work, elektronische Kommunikation, virtuelle Teams).

Zudem lassen sich **alternative Führungsstiltypologien** unterscheiden:

- William Reddin (1981) differenziert zum Beispiel je nach Situation zwischen einem Verfahrensstil, Beziehungsstil, Aufgabenstil und Integrationsstil oder
- Paul Hersey & Kenneth H. Blanchard (1982) unterscheiden je nach Situation zwischen einem delegativen, direktiven, coachenden oder unterstützenden Führungsstil, wobei sie für die Wahl eines bestimmten Führungsstils vor allem das Entwicklungsniveau der Mitarbeiterinnen und Mitarbeiter als entscheidend erachten.

Ein in der Trainings- und Beratungspraxis verbreitetes (normatives) **Modell situativer Führung** ist dasjenige von Victor Vroom & Philip Yetton (1973). Damit sollen Führungspersonen lernen, zu bestimmen, wie weit Unterstellte in einen Entscheidungsprozess einzubeziehen sind unter der Voraussetzung, dass die Entscheidungsfindung informationsmässig hochwertig, das Entscheidungsergebnis Akzeptanz finden und die Umsetzung konfliktminimal erfolgen sollen. Dazu dient der in Abbildung 31 dargestellte Entscheidungsbaum.

- AI: Alleinentscheidung
- AII: Entscheidung nach Information der Unterstellten
- CI: Entscheidung nach Einzelberatung mit Unterstellten
- CII: Entscheidung nach Gruppenbesprechung
- GII: Entscheidung durch die Gruppe

Die Suche nach Situationsbedingungen, welche die Wirksamkeit eines Führungsstils beeinflussen, mündet in die sogenannten **Situationstheorien der Führung**. Dabei wird angenommen,

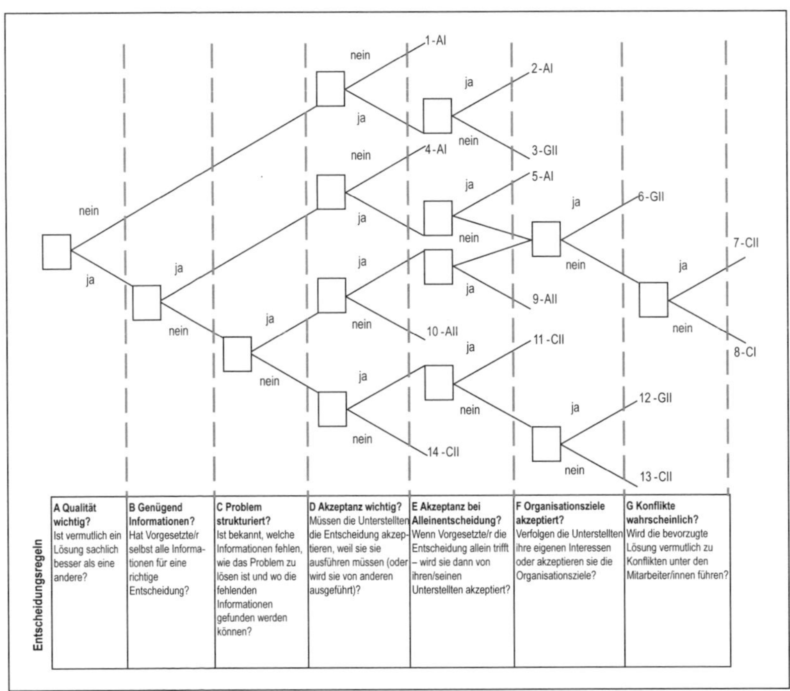

Abbildung 31: Situative Führung am Beispiel des Modells von Vroom/Yetton (1973; zit. nach Wunderer, 2009, S. 286)

dass die Situation eine wesentliche Variable zur Erklärung des Führungserfolges ist. Situationstheoretisches Denken (und Handeln) spielt in der Praxis eine wichtige Rolle. In Abbildung 32 ist das Beispiel einer früheren Schweizer Universalbank dargestellt, bei welcher in Abhängigkeit von den beiden Situationsbedingungen „Zeitverhältnisse" und „Qualifikation der Unterstellten" drei Führungsstile unterschieden werden.

Mit einer Flexibilisierung und Differenzierung des Führungsstils durch Anpassung des Führungsverhaltens an situative Gegebenheiten verspricht man sich eine höhere Effektivität. Das hat seinen Preis. Erstens wird vorausgesetzt, dass die Führungspersonen in der Lage sind, die Situation richtig einzuschätzen. Zweitens sollten sie je nach ihrer Situationsdeutung anders führen können. Damit verliert aber ihr Führungsverhalten an Konstanz. Drittens ist nicht alles variabel. Unabhängig von der Führungssituation und vom Führungsverhalten bleiben die Persönlichkeitsmerkmale der Führungspersonen und die Führungskultur der Organisation die gleichen. Viertens ist die Implementierung relativ aufwändig, weil die situative Führung

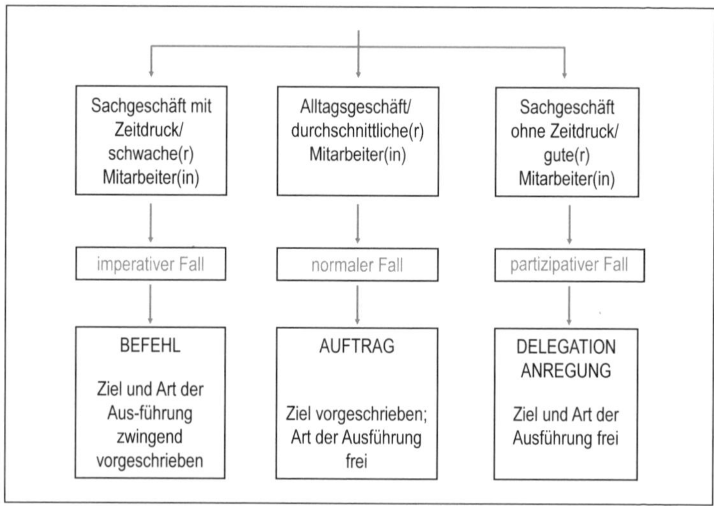

Abbildung 32: Beispiel situativer Führung (Firmenpublikation Schweizerische Bankgesellschaft)

hohe Ansprüche an die Führungskompetenz stellt. Dabei spielt das Vorbild der höheren Führungspersonen eine wichtige Bedeutung. Zudem sind Führungsrichtlinien zu formulieren, worin relevante Führungsgrundsätze präzisiert werden. Begleitende Schulungen orientieren, instruieren, motivieren und befähigen, Beurteilungs-, Belohnungs- und Laufbahnsysteme kontrollieren, qualifizieren und honorieren.

4.2 Führungskultur

Führungs- und damit auch die Situationstheorien verstehen Führung in der Regel als persönliche Führung bzw. als etwas, das sich im Rahmen einer Gruppe abspielt und das von Vorgesetzten in Form eines bestimmten (Führungsstil-)Verhaltens ausgeübt wird. Für die Führungspersonen bedeutet Führung in dieser Sicht, ihren Führungsstil zu optimieren. Diese Auffassung von Führung hat allerdings zwei zentrale Mängel:

1. Führungspersonen sind in eine Organisation eingebunden, die ihrerseits ihre eigenen Ziele, Erwartungen, Normen und Regeln hat. Diese schränken die Führungspersonen in ihrer Autonomie ein. Aus dem Optimierungsproblem wird damit ein Optimierungsproblem unter Nebenbedingungen.
2. Optimale Lösungen sind teuer. Informationen kosten und/oder sie können nicht zeitgerecht verarbeitet werden. Menschen in Unternehmen und damit auch Führungspersonen sind – wie es Herbert Simon (1997) formulierte und wofür er einen Nobelpreis erhielt – beschränkt rational. An die Stelle von optimalen Lösungen treten befriedigende Lösungen. Führungspersonen sind nicht in der Lage, bei jedem Entscheid alles von vorne zu analysieren. Deshalb stützen sie sich unter anderem auf bisherige Erfahrungen, auf die Gepflogenheiten und Standards der Organisation und auf das Informationsrepertoire, das sie in ihrem Umfeld vorfinden.

So hat die Unternehmensorganisation für die Führungspersonen eine doppelte Bedeutung: einerseits ist sie Restriktion und andererseits ist sie Ressource. Das erfahren Führungspersonen etwa dann, wenn sie ein Unternehmen wechseln. Sie brauchen dann eine gewisse Zeit um zu „checken“, „wie man es hier eben tut“ und wie die Organisation „tickt“. Und die Organisation kann unabhängig davon ticken, ob neue Führungspersonen kommen oder bestandene Führungspersonen gehen. Sie wird zu einer Art „Autopilot“. Diesen Autopiloten nennt man Organisations- bzw. Unternehmenskultur. Davon ist die Führungskultur ein Teil.

Edgar H. Schein zeigt in seinem Buch auf, dass **Organisations- und Führungskulturen** „eingelernte Muster von Glauben, Werten, Annahmen und Verhalten sind, die sich auf unterschiedlichen Ebenen der Sichtbarkeit manifestieren“ (2018, S. 2). Die Führungskultur drückt sich zum Beispiel aus in Einarbeitungsprogrammen für neue Führungspersonen und Mitarbeitende, in Geschichten und Legenden, in Prozessen und Strukturen, in Sitzungen und im Führungshandeln oder in den Praktiken des Beurteilens, Belohnens und Beförderns.

Jedes Unternehmen hat *seine* Kultur. In dieser Vielfalt sucht man – ähnlich wie bei den Führungsstilen – Typisierungen. **Eindimensionale Betrachtungen** erfassen die Unternehmens- oder Führungskultur anhand eines einzigen Indikators. Daraus entspringen dann punktuelle Charakterisierungen wie zum Beispiel stabile Kultur, kreative Kultur, Leistungskultur *oder* Produktionskultur. **Zweidimensionale Typisierungen** gehen von zwei voneinander unabhängigen Charakterisierungen aus, wozu Abbildung 33 ein Beispiel zeigt. Grundlage für diese Kategorisierung sind zwei Situationsbedingungen, einerseits die Risikoexposition und andererseits die Geschwindigkeit mit der sich ein Feedback über Erfolg oder Misserfolg einstellt. Bei **mehrdimensionalen Typisierungen** werden gleichzeitig mehrere Kriterien betrachtet, zum Beispiel Formalisierung, Planung, Leistungsorientierung, Identifikation, Kosten- *und* Kundenorientierung.

Eine **starke Kultur** hat für die Führung verschiedene **Vorteile**:

- Sie orientiert, reduziert Komplexität und schafft damit eine klare Handlungsbasis;
- Sie vereinfacht die Kommunikation, führt zu einer rascheren Abstimmung und reduziert damit die Koordinationskosten und den Kontrollaufwand;

- Sie harmonisiert, integriert und erlaubt durch das wachsende gemeinsame Verständnis schnellere Willensbildungen und -umsetzungen und sie schafft günstige Voraussetzungen zur Motivation;
- Sie speichert Wissen und gemachte Erfahrungen.

Eine zu starke Kultur bzw. zu viel von der Dosis „Kultur" kann umgekehrt aber auch giftig sein. **Dysfunktionale Wirkungen** entstehen etwa dann, wenn der „Autopilot" so stark wird, dass er sich neuen Ideen verschließt, zukünftige Veränderungen mit historischen Erfahrungen übersteuert, tradierte Erfolgsmuster fixiert, Flexibilität einschränkt und einen Gruppen- bzw. Konformitätsdruck entstehen lässt, der andere Ideen, Methoden und neues Wissen unterdrückt. Das führt zur Frage, ob die Organisations- und Führungskultur lediglich eine bestimmende Determinante ist oder ob sie sich auch bewusst beeinflussen lässt.

Feedback	hoch	tief
langsam	**Bet-your-company** (Risiko-, Techniker-, Tüftlerkultur) Erfahrung als zentraler Wert	**Process** (Verfahrens-, Bürokratiekultur) Kontinuität als zentraler Wert
schnell	**Tough-guy** (Macho-, Star-, Spielerkultur) Risiko als zentraler Wert	**Work-hard/play-hard** (Harte Arbeit, viel Spass) Umsatz als zentraler Wert
	Risiko	

Abbildung 33: Kulturtypisierung nach zwei Dimensionen (Deal & Kennedy, 1982)

4.3 Kultur und HRM

Wenn sich die Kultur unter anderem in den Praktiken des Beurteilens, Belohnens und Beförderns ausdrückt, heißt dies umgekehrt auch, dass sich die Kultur über diese Prozesse beeinflussen lässt. Führungspersonen sind in dieser Sicht dann nicht nur „kulturelle Opfer", sondern auch „kulturelle Träger, Täter und Präger". Gerade im Human Resource Management und in der Führung liegen zentrale Möglichkeiten, die **Organisationskultur als Ressource** zu nutzen und sie zu steuern. Edgar Schein, einer der führenden Forscher an der Schnittstelle zwischen Organisationskultur, Führung und Human Resource Management, nennt unter anderen die folgenden Mechanismen, um Kultur zu prägen und weiterzugeben (Schein, 2018, Kapitel 10):

- was Führungspersonen beachten, messen und kontrollieren;
- die Reaktionen der Führungspersonen auf kritische Vorfälle und Krisen in der Organisation;
- das bewusste Rollenformen, das Training und die Schulung durch Führungspersonen;
- die Kriterien für die Erteilung von Belohnungen und Status und die Kriterien für die Rekrutierung, die Selektion, die Beförderung, den Rücktritt und den Ausschluss;
- die Gestaltung von Strukturen, Prozessen und Dokumenten.

Umgekehrt beeinflusst der „Autopilot" Unternehmens- bzw. Organisationskultur mit seinen Standards und Normen, aber auch das Human Resource Management. Das HRM in einer öffentlichen Verwaltung unterscheidet sich vom HRM in einem Handelshaus oder vom HRM in einem Forschungsunternehmen auch deshalb, weil sich die öffentliche Verwaltung, das Handelshaus oder das Forschungsunternehmen in ihrer Kultur unterscheiden. Die Kultur **harmonisiert, koordiniert und orientiert** das HRM in Richtung einer bestimmten Ausprägung.

Michael Beer, Bert Spector, Paul R. Lawrence, D. Quinn Mills & Richard E. Walton, Professoren für HRM an der Harvard Business School, unterschieden in diesem Zusammenhang 1984 **drei idealtypische Grundausprägungen** von HRM und Organisationskultur (vgl. Abbildung 34):

	Hierarchie-Kultur	Markt-Kultur	Clan-Kultur
Bild	• Untergebene	• Vertrags-Partner	• Mitglieder
Grundlage	• institutionelle Autorität	• Vertrag	• innere Überzeugung
Statussymbol, z.B.	• Dienstweg	• Prämie	• dazu gehören
Beschäftigung	• Laufbahnen	• in-out	• life long
Beurteilung	• ↓	• ⇄	• →↓← ↑
Belohnung	• Einstufung	• Markt-Leistung	• sharing
Job Design	• ad rem	• ad personam	• Gruppen

Abbildung 34: Typologie HRM – Organisationskultur (Beer et al., 1984)

- **Die Hierarchie**: In ihr sind die Mitarbeiterinnen und Mitarbeiter Untergebene und die Führungspersonen sind Vorgesetzte. Dazwischen gibt es Dienstwege. Das personalpolitische Programm lautet: Optimale Arbeitsorganisation, anforderungsgerechte Löhne, die Vorgesetzten beurteilen die Leistung ihrer Mitarbeiterinnen und Mitarbeiter und die Entwicklungsperspektiven sind durch interne Laufbahnen klar reguliert. Dieses Muster findet man beispielsweise in der öffentlichen Verwaltung;
- **Der Markt**: Hier sind die Mitarbeiterinnen und Mitarbeiter Vertragspartner, die im Austausch gegen Gagen oder Prämien vereinbarte Leistungen erbringen, wie dies zum Beispiel im Profifussball, in einem Opernhaus oder bei Brokern der Fall ist. Die spezifischen individuellen Qualifikationen bilden Ausgangspunkt der Planung, die Entschädigung ist leistungsorientiert und die Laufbahnen erfolgen über verschiedene Organisationen (Clubs, Häuser);
- **Der Clan**: Zu ihm gehören die Mitarbeiterinnen und Mitarbeiter aufgrund ihrer inneren Überzeugung. Die Zugehörigkeit ist langfristig und Teams spielen für die Arbeitsorganisation, für die Entlohnung und für die Führung eine wichtige Rolle. Dieses Muster findet man zum Beispiel in (Selbsthilfe-)Genossenschaften.

Diese drei Kultur-Codes prägen das HRM in seinen Strukturen, Prozessen und Inhalten. Als Konsequenz folgt daraus, dass es nicht einfach „das beste HRM" gibt. HRM ist dann „gut", wenn es kulturkompatibel und kulturreflexiv ist.

5 Realität und Wirklichkeit

In einer Welt von **Theorie X** wird Führung anders konstruiert und erlebt als in einer Welt von **Theorie Y** (vgl. Teil 1 Kapitel 1.2 Menschen- und Arbeitsbilder). Vorgesetzte mit einem negativen Menschenbild nehmen an, dass Menschen zur Arbeit angehalten und geführt werden müssen. Sie trauen ihnen keine Initiative zu. Dementsprechend führen sie autoritär, direktiv und bürokratisch, was ihre Mitarbeiterinnen und Mitarbeiter davon abhält, Initiativen zu ergreifen. Je nach Theorie entstehen so unterschiedliche Führungswirklichkeiten – und sich **selbsterfüllende Prophezeiungen**. Menschen werden darin Gefangene ihrer eigenen Sicht. Entscheidend für ihr Fühlen, Denken und Handeln ist, wie sie die Welt wahrnehmen, deuten und interpretieren – unabhängig davon, wie die Welt allenfalls tatsächlich ist. Umgangssprachlich heißt es dann: „Perception is reality".

Führung und Kultur liegen also nicht einfach herum. Sie sind weder natur- noch gottgegeben. Beide können nicht vermessen und analysiert werden wie ein Stück Holz oder ein komplizierteres naturwissenschaftliches Phänomen. Sie sind menschengemacht – mit zugrunde liegenden und oft unbewussten Auffassungen, die bestimmen, was Führung ist und wie sie sein soll. Führungsregeln sind deshalb nicht einfach für Techniken genutzte Naturgesetze, sondern **Ausdruck menschlichen Denkens und Handelns**. Wünsche und Hoffnungen, Leitbilder und Philosophien, Erfahrungen und Bedürfnisse formen Bilder und Vorstellungen darüber, was gute Führung ist und ausmacht. Diese Ordnung im Geist reproduziert dann durch Praxis ihre Ordnung in der Welt. Sie schafft ihre eigene Wirklichkeit.

Wenn nun aber die Führenden ihre Führungswelt subjektiv anders erleben, deuten und interpretieren und wenn sie sich aufgrund ihrer persönlichen Wahrnehmungen, Erfahrungen und Überlegungen ihre eigene Theorie von Führung konstruieren – was haben dann die vorhin beschriebenen Eigenschafts-, Verhaltens- und Situationstheorien noch für eine Bedeutung? Und was zählen die Aussagen von wissenschaftlichen Führungstheorien und -forschungen in der individuellen Wirklichkeit der Führungspersonen? Unabhängig davon, wo letztlich die Deutungshoheit liegt, kann die Wissenschaft der Praxis nützlichen Rat in der Form erteilen, dass sie **(Miss-)Erfolgsmuster von Führung beschreibt, erklärt und kritisiert**; dass sie **zu evidenzbasiertem Denken anleitet** und dass sie **Handlungsempfehlungen vermittelt**. Empfehlungen wie zum Beispiel Führungssituationen sorgfältig zu analysieren und günstige Voraussetzungen zu schaffen (**Situationstheorie**), Führungspersonen zu situationsgerechtem Führungshandeln zu qualifizieren (**Verhaltenstheorie**), ihre Eignung sorgfältig abzuklären (**Eigenschaftstheorie**) und in allen Fällen rechtzeitig zu bestimmen, welches die Kriterien für den Führungserfolg sind.

Literatur

Adams, J. S. (1965). Inequity in social exchange. In L. Berkowitz (Ed.), *Advances in Experimental Social Psychology, 2*, 267–299. London, New York: Academic Press.

Alderfer, C. P. (1972). *Existence, relatedness, and growth: Human needs in organizational settings*. New York: The Free Press.

Atkinson, J. W. (1964). *An introduction to motivation*. New York: VanNostrand.

Bailyn, L. (1993). Patterned chaos in Human Resource Management. *Sloan Management Review, 34*(2), 77–84.

Barnard, C. I. (1938). *The functions of the executive*. Cambridge: Harvard University Press.

Barney, J. B., & Wright, P. M. (1998). On becoming a strategic partner: The role of human resources in gaining competitive advantage. *Human Resource Management, 37*(1), 31–46.

Beer, M., Spector, B., Lawrence, P. R., Mills, D. Q. & Walton, R. E. (1984). *Managing Human Assets*. New York: Free Press.

Blake, R. & Mouton, J. (1964). *The Managerial Grid*. Houston: Gulf Publishing.

Bohnet, I. & Oberholzer-Gee, F. (2000). Leistungslohn: Motivations- und Selektionseffekte. *Zeitschrift Führung + Organisation, 69*(2), 77–82.

Bruggemann, A. (1974). Zur Unterscheidung verschiedener Formen von „Arbeitszufriedenheit“. *Arbeit und Leistung, 28*(11), 281–284.

Buckingham, M., & Coffman, C. (1999). *First, break all the rules: What the world's greatest managers do differently*. New York: Simon & Schuster.

Bundesamt für Statistik (BFS). (2015). *Berufs- und Nichtberufsunfälle nach Alter, Geschlecht und Wirtschaftszweig*. Neuchâtel: Autor.

Bundesministerium für Arbeit und Soziales (BMAS). (2015). *Arbeitsschutzgesetz*. Berlin: Autor.

Charron, E. & Freyssenet, M. (1994). L'usine d'Uddevalla dans la trajectoire de Volvo. *Actes du Groupe d'Etudes et de Recherches Permanent sur l'Industrie et les Salariés de l'Automobile, 9*, 161–183.

Costa, P. T., & McCrae, R. R. (1992). Four ways five factors are basic. *Personality and Individual Differences, 13*(6), 653–665.

Cohn, A., Fehr, R., Herrmann, B., & Schneider, F. (2011). *Social comparison in the workplace: Evidence from a field experiment*. Bonn: Institute for the Study of Labor IZA.

Csikszentmihalyi, M. (1975). *Beyond boredom and anxiety*. San Francisco: Jossey-Bass.

Deal T.E. & Kennedy A.A. (1982). *Corporate Cultures – The Rites and Rituals of Corporate Life*. Reading, Mass.: Addison-Wesley.

Deci, E. L., & Ryan, R. M. (1985). *Intrinsic motivation and self-determination in human behaviour*. New York: Plenum.

Degener, M. (2004). *Unternehmenserfolg und soziale Verantwortung: Die Bedeutung der Unternehmenskultur und des Human Resource Managements für den ökonomischen Erfolg*. Pieterlen: Peter Lang – International Academic Publishers.

Doppler, K. & Lauterburg, C. (1994). *Chance Management. Den Unternehmenswandel gestalten*. Frankfurt a.M.: Campus.

Drath, W.H., McCauley, C.D., Palus, Ch.J., Van Velsor, E., O'Connor, P.M.G. & McGuire, J.B. (2008): Direction, alignment, commitment: Toward a more integrative ontology of leadership. *The Leadership Quarterly, 19*(6), 635–653.

economiesuisse. (2007). *Swiss Code of Best Practice for Corporate Governance*. Zürich: Autor.

Eidgenössische Koordinationskommission für Arbeitssicherheit (EKAS). (2007). *Richtlinie über den Beizug vonArbeitsärzten und anderen Spezialisten der Arbeitssicherheit (ASA-Richtlinie)*. Bern: Autor.

Emery, F. E. & Thorsrud, E. (1982). *Industrielle Demokratie*. Bern: Huber.

Fiedler, F.E. (1967): *A Theory of Leadership Effectiveness*. New York: McGraw-Hill.

Frey, B. S. & Frey C. (2010). Glück: *Die Sicht der Ökonomie*. Zürich: Rüegger.

Frey, B. S., & Osterloh, M. (2000). *Managing motivation*. Wiesbaden: Gabler.

Frey, B. S. (2000). Wie beeinflusst Lohn die Motivation? In B. S. Frey & M. Osterloh (Hrsg.). *Managing Motivation*. Wiesbaden: Gabler. 71–104.

Frey, B. S. (2006). Giving and receiving awards. *Perspectives on Psychological Science, 1*(4), 377–388.

Fried, A., Wetzel, R. & Baitsch, Ch. (2000). *Wenn zwei das Gleiche tun... Diskriminierungsfreie Personalbeurteilung*. Zürich: Verlag der Fachvereine ETH.

Gallup GmbH. (2014). *Engagement Index für Deutschland 2013*. Berlin: Autor.

Goldberg, L. R. (1992). The development of markers for the big-five factor structure. *Psychological Assessment, 4*(1), 26–42.

Grawe, K. (2000). *Psychologische Therapie* (2. Aufl.). Göttingen: Hogrefe.

Grosse-Oetringhaus, W.F. (1993). Sozialkompetenz – Ein neues Anspruchsniveau für die Personalpolitik, *Zeitschrift für betriebswirtschaftliche Forschung, 45*(3), 270–295.

Grote, G. & Staffelbach, B. (2009). *Schweizer HR-Barometer 2009: Mobilität und Arbeitgeberattraktivität*. Zürich: Neue Zürcher Zeitung.

Hackman, J. R., & Oldham, G. R. (1975). Development of the job diagnostic survey. *Journal of Applied Psychology, 60*(2), 159–170.

Hackman, J. R., & Oldham, G. R. (1976). Motivation through the design of work: Test of a theory. *Organizational Behavior and Human Performance, 16*(2), 250–279.

Heer, T. (2007). *Honorierung: Fair Pay mit modernen Instrumenten (HRM-Dossier Nr. 37)*. Zürich: SPEKTRAmedia.

Hersey, P. & Blanchard, K.H. (1982). *Management of organizational behavior* (4. Aufl.). New Jersey: Englewood Cliffs.

Herzberg, F. (1968). One more time: How do you motivate employees? *Harvard Business Review, 46*(1), 53–62.

International Labour Oranisation (ILO). (2014). *Weltkongress für Sicherheit und Gesundheit bei der Arbeit: Eine Welt ohne tödliche Arbeitsunfälle ist möglich*. Berlin: Autor.

International Labour Oranisation (ILO). (2015). *Safety and health at work*. Genf: Autor.

Jochmann-Döll, A. & Wächter, H. (1989). Arbeitsbewertung und Lohndiskriminierung. *Personal, 41*(5), 182–187.

Kahneman, D., & Tversky, A. (1979). Prospect Theory: An analysis of decision under risk. *Econometrica, 47*(2), 263–292.

Kant, I. (1785). *Grundlegung zur Metaphysik der Sitten*. Riga: Hartknoch.

Kappel, H. & Uschatz, P. (1992). *Variable Kaderentlöhnung: Erfolg und Leistung honorieren*. Zürich: Verlag Industrielle Organisation.

Katz, C. & Baitsch, C. (1996). *Lohngleichheit für die Praxis*. Zürich: Verlag der Fachvereine ETH.

Katz, R. L. (1955). Skills of an effective administrator. *Harvard Business Review, 33*(1), 33–42.

Kienbaum AG. (2008). Betriebliches Anreizprofil. *Standardgraphik*.

Kossbiel, H. (1994). Überlegungen zur Effizienz betrieblicher Anreizsysteme. *Die Betriebswirtschaft, 54*(1), 75–93.

Kromm, W. & Frank, G. (2009). *Unternehmensressource Gesundheit*. Düsseldorf: Symposion Publishing.

Lattmann, C. (1982). *Die verhaltenswissenschaftlichen Grundlagen der Führung des Mitarbeiters*. Bern: Paul Haupt.

Lattmann, C. (1983). *Humanisierung der Arbeitswelt – Überlegungen zu den Zielsetzungen*. St. Gallen: IfB.

Levinson, H. (1980). Criteria for choosing chief executives. *Harvard Business Review, 58*(4), 113–120.

Lewin, K., Lippitt, R. & White, R. (1939). Patterns of aggressive behaviour in experimentally created „social climates", *Journal of Social Psychology 10*, 271–299.

Likert, R. (1967). *The human organization: Management and value.* New York: McGraw Hill.

Lowery, Ch., Petty, M. & Thompson, J. (1996). Assessing the merit of merit pay: employee reactions to performance-based pay. *Human Resource Planning, 19*(1), 26–37.

March, J. G., & Simon, H. A. (1958). *Organizations*. New York: John Wiley & Sons.

Maslow, A. (1954). *Motivation and personality*. New York: Harper & Row.

Mayo, E. (1933). *The human problems of an industrial civilization*. New York: Macmillan.

McClelland, D. (1961). *The achieving society*. Princeton: Van Nostrand.

McGregor, D. (1960). *The human side of enterprise*. New York: McGrawHill.

Mintzberg, H. (1973). *The nature of managerial work*. New York: Harper & Row.

Neuberger, O. & Allerbeck, M. (1978). *Messung und Analyse von Arbeitszufriedenheit*. Bern: Huber.

Newman, J. (2009). *McJob: Erkenntnisse durch die Arbeit hinter den Tresen*. Weinheim: Wiley.

Pfeffer, J. (1994). *Competitive advantage through people: Unleasing the power of the work force*. Boston: Harvard Business School Press.

Prahalad, C. K., & Hamel, G. (1990). The core competence of the corporation. *Harvard Business Review*, 67(3), 79–91.

Reddin, W. (1981). *Das 3-D-Programm zur Leistungssteigerung des Managements*. Landsberg am Lech: Moderne Industrie.

Reiss, S. (2004). Multifaceted nature of intrinsic motivation: The theory of 16 basic desires. *Review of General Psychology, 8*(2), 179–193.

Rosenthal, R., & Jacobson, L. F. (1968). *Pygmalion in the classroom: Teacher expectations and intellectual development.* New York: Holt.

Rotter, J. B. (1966). Generalized expectancies for internal versus external control of reinforcement. *Psychological Monographs: General and Applied, 80*(1), 1–28.

Rühli, E. (1992). *Gestaltungsmöglichkeiten der Unternehmensführung: Führungsstil, Führungsmodelle, Führungsrichtlinien, Mitwirkung und Mitbestimmung.* Bern/Stuttgart/Wien: Haupt.

Schein, E. (2018). *Organisationskultur und Leadership* (5. Aufl.). Vahlen.

Simon, H. (1997). *Administrative Behavior – A Study of Decision-Making Processes in Administrative Organizations.* New York: The Free Press.

Smith, A. (1776). *An inquiry into the nature and causes of the wealth of nations.* London: Strahan and Cadell.

Sprenger, R. (2002). *Mythos Motivation: Wege aus der Sackgasse.* Frankfurt/Main: Campus.

Statistisches Bundesamt. (2015). *Qualität der Arbeit.* Wiesbaden: Autor.

Studer, J. (2009). *Ziel HR-Fachmann/HR-Fachfrau mit eidgenössischem Fachausweis.* Zürich: SPEKTRAmedia.

Tannenbaum, R. & Schmidt, W.H. (1958). How to Choose a Leadership Pattern. *Harvard Business Review, 36*(2), 95–101.

Taylor, F. W. (1911). *The principles of Scientific Management.* New York: Harper & Brothers.

Tichy, N. M., Fombrun C. J., & Devanna, M. A. (1982). Strategic Human Resource Management. *Sloan Management Review, 23*(2), 47–61.

Treier, M. (2009). *Personalpsychologie im Unternehmen.* München: Oldenburg.

Ulich, E. (1985). Arbeitspsychologische Konzepte und neue Technologien. In K. Zink (Hrsg.), *Personalwirtschaftliche Aspekte neuer Technologien,* S. 135–159. Berlin: Erich Schmidt.

Ulich, E. (2011). *Arbeitspsychologie*. Stuttgart: Schäffer-Poeschel.

Ulich, E., Baitsch, C. & Alioth, A. (1983). *Führung und Organisation*. Bern: Schweizerische Volksbank.

Ulrich, D. (1997). *Human resource champions: The next agenda for adding value and delivering results*. Boston: Harvard Business School Press.

Uschatz, P. (1991). Leistungsbezogene Kaderentlöhnung. *Management Zeitschrift, 60*(1), 86–90.

Verband für Arbeitsstudien und Betriebsorganisation. (2012). *REFA-Lexikon: Industrial Engineering und Arbeitsorganisation* (4. Aufl.). München: Hanser.

Vereinte Dienstleistungsgewerkschaft ver.di e.V. Landesbezirk Nordrhein-Westfalen (ver.di NRW). (2013). *Tarifvertrag für die Beschäftigten des Einzelhandels mit Tankstellen- und Garagengewerbe*. Düsseldorf: Tarifregister NRW.

Vroom, V. (1964). *Work and motivation*. New York: Wiley.

Vroom, V. H. & Yetton, Ph. W. (1973). *Leadership and Decision-Making*. Pittsburgh: University of Pittsburgh Press.

Weiner, B. (1985). An attributional theory of achievement motivation and emotion. *Psychological Review, 92*(4), 548–573.

Wunderer, R. & Küpers, W. (2003). *Demotivation – Remotivation*. München: Luchterhand.

Wunderer, R. (2009). *Führung und Zusammenarbeit* (8. Aufl.), Stuttgart: Schäffer-Poeschel.

Yukl, G. (2006). *Leadership in Organizations* (6. Aufl.). New Jersey: Pearson.

Zimbardo, P. (2008). Der *Luzifer-Effekt – Die Macht der Umstände und die Psychologie des Bösen*. Heidelberg: Spektrum Akademischer Verlag.

Sachverzeichnis